高等院校应用型设计教育规划教材
PLANNED TEXTBOOKS ON APPLIED DESIGN EDUCATION FOR STUDENTS OF UNIVERSITIES & COLLEGES

CD
CLOTHES DESIGN

PLANNED TEXTBOOKS ON APPLIED DESIGN EDUCATION FOR STUDENTS OF UNIVERSITIES & COLLEGES

服饰品设计艺术

ART OF CLOTHING ACCESSORIES DESIGN

CD 高 山 袁金龙 编著

合肥工业大学出版社
HEFEI UNIVERSITY OF TECHNOLOGY PRESS

服饰品设计艺术
ART OF CLOTHING ACCESSORIES DESIGN

高山 等编著
Gao shan ,et al

合肥工业大学出版社
HEFEI UNIVERSITY OF TECHNOLOGY PRESS

图书在版编目数据
CIP ACCESS

图书在版编目（CIP）数据

服饰品设计艺术/高山，袁金龙编著. —合肥：合肥工业大学出版社，2011. 3

ISBN 978-7-5650-0369-1

Ⅰ.①服… Ⅱ.①高… Ⅲ.①服饰-设计-教材 Ⅳ. ①TS941.2

中国版本图书馆CIP数据核字（2011）第026827号

服饰品设计艺术
ART OF CLOTHING ACCESSORIES DESIGN

服饰品设计艺术

编　　著	高　山　袁金龙
责任编辑	方立松　金　伟
封面设计	刘葶葶
内文设计	陶霏霏
技术编辑	程玉平
书　　名	高等院校应用型设计教育规划教材——服饰品设计艺术
出　　版	合肥工业大学出版社
地　　址	合肥市屯溪路193号
邮　　编	230009
网　　址	www.hfutpress.com.cn
发　　行	全国新华书店
印　　刷	安徽联众印刷有限公司
开　　本	889mm×1092mm　1/16
印　　张	6.5
字　　数	210千字
版　　次	2011年7月第1版
印　　次	2011年7月第1次印刷
标准书号	ISBN 978-7-5650-0369-1
定　　价	45.00元（含教学光盘1张）
发行部电话	0551-2903188

参编院校

排名不分先后

江南大学	南京艺术学院
苏州大学	南京师范大学
南京财经大学	南京林业大学
南京交通职业技术学院	徐州师范大学
常州工学院	常州纺织服装职业技术学院
太湖学院	盐城工学院
三江学院	江苏信息职业技术学院
无锡南洋职业技术学院	苏州科技学院
苏州工艺美术职业技术学院	苏州经贸职业技术学院
东华大学	上海科学技术职业学院
上海交通大学	上海金融学院
上海电机学院	武汉理工大学
华中科技大学	湖北美术学院
湖北大学	武汉工程大学
武汉工学院	江汉大学
湖北经济学院	重庆大学
四川师范大学	华南师范大学
青岛大学	青岛科技大学
青岛理工大学	山东商业职业学院
山东青年干部职业技术学院	山东工业职业技术学院
青岛酒店管理职业技术学院	湖南工业大学
湖南师范大学	湖南城市学院
吉首大学	湖南邵阳职业技术学院
河南大学	郑州轻工学院
河南工业大学	河南科技学院
河南财经学院	南阳学院
洛阳理工学院	安阳师范学院
西安工业大学	陕西科技大学
咸阳师范学院	宝鸡文理学院

参编院校

排名不分先后

渭南师范大学	北京服装学院
首都师范大学	北京联合大学
北京师范大学	中国计量学院
浙江工业大学	浙江财经学院
浙江万里学院	浙江纺织服装职业技术学院
丽水职业技术学院	江西财经大学
江西农业大学	南昌工程学院
南昌航空航天大学	南昌理工学院
肇庆学院	肇庆工商职业学院
肇庆科技职业技术学院	江西现代职业技术学院
江西工业职业技术学院	江西服装职业技术学院
景德镇高等专科学校	江西民政学院
南昌师范高等专科学校	江西电力职业技术学院
广州城市建设学院	番禺职业技术学院
罗定职业技术学院	广州市政高专
合肥工业大学	安徽工程科技学院
安徽大学	安徽师范大学
安徽建筑工业学院	安徽农业大学
安徽工商职业学院	淮北煤炭师范学院
淮南师范学院	巢湖学院
皖江学院	新华学院
池州学院	合肥师范学院
铜陵学院	皖西学院
蚌埠学院	安徽艺术职业技术学院
安徽商贸职业技术学院	安徽工贸职业技术学院
滁州职业技术学院	淮北职业技术学院
桂林电子科技大学	华侨大学
云南艺术学院	河北科技师范学院
韩国东西大学	

总序

目前艺术设计类教材的出版十分兴盛，任何一门课程如《平面构成》、《招贴设计》、《装饰色彩》等，都可以找到十个、二十个以上的版本。然而，常见的情形是，许多教材虽然体例结构、目录秩序有所差异，但在内容上并无不同，只是排列组合略有区别，图例更是单调雷同。从写作文本的角度考察，大都分章分节，平铺直叙，结构不外乎该门类知识的历史、分类、特征、要素，再加上名作分析、材料与技法表现等等，最后象征性地附上思考题，再配上插图。编得经典而独特，且真正可供操作、可应用于教学实施的却少之又少。于是，所谓教材实际上只是一种讲义，学习者的学习方式只能是一般性地阅读，从根本上缺乏真实能力与设计实务的训练方法。这表明教材建设需要从根本上加以改变。

从课程实践的角度出发，一本教材的着重点应落实在一个“教”字上，注重“教”与“讲”之间的差别，让教师可教，学生可学，尤其是可以自学。它必须成为一个可供操作的文本、能够实施的纲要，它还必须具有教学参考用书的性质。

实际上不少称得上经典的教材其篇幅都不长，如康定斯基的《点线面》，伊顿的《造型与形式》，托马斯·史密特的《建筑形式的逻辑概念》等，并非长篇大论，在删除了几乎所有的关于“概念”、“分类”、“特征”的絮语之后，所剩下的就只是个人的深刻体验、个人的课题设计，于是它们就体现出真正意义上的精华所在。而不少名家名师并没有编写过什么教材，他们只是以自己的经验作为传授的内容，以自己的风格来建构规律。

大多数国外院校的课程并无这种中国式的教材，教师上课可以开出一大堆参考书，却不编印讲义。然而他们的特点是“淡化教材，突出课题”，教师的看家本领是每上一门课都设计出一系列具有原创性的课题。围绕解题的办法，进行启发式的点拨，分析名家名作的构成，一次次地否定或肯定学生的草图，无休止地讨论各种想法。外教设计的课题充满意趣以及形式生成的可能性，一经公布即能激活学生去进行尝试与探究的欲望，如同一种引起活跃思维的兴奋剂。

因此，备课不只是收集资料去编写讲义，重中之重是对课程进行有意义的课题设计，是对作业进行编排。于是，较为理想的教材的结构，可以以系列课题为主，其线索以作业编排为秩序。如包豪斯第一任基础课程的主持人伊顿在教材《设计与形态》中，避开了对一般知识的系统叙述，只是着重对他的课题与教学方法进行了阐释，如“明暗关系”、“色彩理论”、“材质和肌理的研究”、“形态的理论认识和实践”、“节奏”等。

每一个课题都具有丰富的文件，具有理论叙述与知识点介绍、资源与内容、主题与关键词、图示与案例分析、解题的方法与程序、媒介与技法表现等。课题与课题之间除了由浅入深、从简单到复杂的循序渐进，更应该将语法的演绎、手法的戏剧性、资源的趣味性及效果的多样性与超越预见性等方面作为侧重点。于是，一本教材就是一个题库。教师上课可以从中各取所需，进行多种取向的编排，进行不同类型的组合。学生除了完成规定的作业外，还可以阅读其他课题及解题方法，以补充个人的体验，完善知识结构。

从某种意义上讲，以系列课题作为教材的体例，使教材摆脱了单纯讲义的性质，从而具备了类似教程的色彩，具有可供实施的可操作性。这种体例着重于课程的实践性，课题中包括了“教学方法”的含义。它所体现的价值，就在于着重解决如何将知识转换为技能的质的变化，使教材的功能从“阅读”发展为一种“动作”，进而进行一种真正意义上的素质训练。

从这一角度而言，理想的写作方式，可以是几条线索同时发展，齐头并进，如术语解释呈现为点状样式，也可以编写出专门的词汇表；如名作解读似贯穿始终的线条状；如对名人名论的分析，对方法的论叙，对原理法则的叙述，

总序

就如同面的表达方式。这样学习者在阅读教材时，就如同看蒙太奇镜头一般，可以连续不断，可以跳跃，更可以自己剪辑组合，根据个人的问题或需要产生多种使用方式。

艺术设计教材的编写方法，可以从与其学科性质接近的建筑学教材中得到借鉴，许多教材为我们提供了示范文本与直接启迪。如顾大庆的教材《设计与视知觉》，对有关视觉思维与形式教育问题进行了探讨，在一种缜密的思辨和引证中，提供了一个具有可操作性的教学手册。如贾倍思在教材《型与现代主义》中以“形的构造”为基点，教学程序和由此产生创造性思维的关系是教材的重点，线索由互相关联的三部分同时组成，即理论、练习与构成原理。如瑞士苏黎世高等理工大学建筑学专业的教材，如同一本教学日志对作业的安排精确到了小时的层次。在具体叙述中，它以现代主义建筑的特征发展作为参照系，对革命性的空间构成作出了详尽的解读，其贡献在于对建筑设计过程的规律性研究及对形体作为设计手段的探索。又如陈志华教授写作于20世纪70年代末的那本著名的《外国建筑史19世纪以前》，已成为这一领域不可逾越的经典之作，我们很难想象在那个资料缺乏而又思想禁锢的时期，居然将一部外国建筑史写得如此炉火纯青，30年来外国建筑史资料大批出现，赴国外留学专攻的学者也不计其数，但人们似乎已无勇气再去试图接近它或进行重写。

我们可以认为，一部教材的编撰，基本上应具备诸如逻辑性、全面性、前瞻性、实验性等几个方面的要求。

逻辑性要求，包括教材内容的选择与编排具有叙述的合理性，条理清晰，秩序周密，大小概念之间的链接层次分明。虽然一些基本知识可以有多种不同的编排方法，然而不管哪种方法都应结构严谨、自成一体，都应生成一个独特的系统。最终使学习者能够建立起一种知识的网络关系，形成一种线性关系。

全面性要求，包括教材在进行相关理论阐释与知识介绍时，应体现全面性原则。固然，教材可以有教师的个人观点，但就内容而言应将各种见解与解读方式，包括自己不同意的观点，包括当时正确而后来被历史证明是错误或过时的理论，都进行尽可能真实的罗列，并同时应考虑到种种理论形成的文化背景与时代语境。

前瞻性要求，包括教材的内容、论析案例、课题作业等都应具有一定的超前性，传授知识领域的前沿发展，而不是过多表述过时与滞后的经验。学生通过阅读与练习，可以使知识产生迁延性，掌握学习的方法，获得可持续发展的动力。同时一部教材发行后往往要使用若干年，虽然可以修订，但基本结构与内容已基本形成。因此，应预见到在若干年以内保持一定的先进性。

实验性要求，包括教材应具有某种不规定性，既成的经验、原理、规则应是一个开放的系统，是一个发展的过程，很多课题并没有确定的唯一解，应给学习者提供多种可能性实验的路径或多元化结果的可能性。问题、知识、方法可以显示出趣味性、戏剧性，能够激发学习者的探求欲望。它留给学习者思考的线索、探索的空间、尝试的可能及方法。

由合肥工业大学出版社出版的《高等院校应用型设计教育规划教材》，即是在当下对教材编写、出版、发行与应用情况进行反思与总结而迈出的有力一步，它试图真正使教材成为教学之本，成为课程的本体的主导部分，从而在教材编写的新的起点上去推动艺术教育事业的发展。

邬烈炎

南京艺术学院设计学院院长　教授

目录

目录 CONTENTS

前言

在服装设计中，服饰品是一个不可忽视的视觉符号。服饰品与服装本是不可分割的整体，它们同属于服饰文化的范畴，是一个整体的两个方面，处于共同发展演变的过程中。在人类文明的发展史中，服饰品与服装都起过至关重要的作用，它们真实记录了不同时代、不同地区和不同民族人们的审美喜好和工艺水平，也折射了不同国家和民族的习俗和文化内涵。随着历史的变迁和社会的发展，二者的涵义和功能在不断地发生着变化，设计风格和形式也不断地得到丰富和延伸。

与主体服装相比，服饰品无论是比例还是位置都显得较“小”，服饰品虽“小”，然而影响却很大。人类的着装追求的是包括服装款式、色彩、首饰鞋帽、化妆发型等在内的完整统一的形象，这种整体形象的完成实际上是一种艺术综合的过程，这种过程需要许多不同的、独立的服饰构件品种协调地组合起来，形成一个崭新的、完整的视觉形象。而服饰品的配置与配比可以提高视觉形象的完成度，服装依赖服饰品的质感和造型等因素互补互衬使得着装者的外观形象更具整体性。此外，服饰品的参与配置最大程度地避免了服装产品的同质化，灵活运用服饰品的搭配可以满足不同消费者的个性需求。今天，服饰品与服装同等重要的观念正为许多人所接受。在现代的高级成衣发布会上，服饰品与服装共同体现出设计师的设计理念和设计主题，一些国际著名的服饰品牌更是推出自己品牌的延伸产品，从设计、制作、生产，到陈列、广告销售、佩戴艺术形成了专门的体系，服饰品设计的价值优势也逐渐凸显，服饰品设计成为时尚工业不可或缺的一部分。

服饰品的设计在款式和造型以及材料等方面比服装设计具有更大的灵活性和创造性。大部分服饰品设计由于不受人体尺寸、结构以及构成材料的限制，因此在设计形式和佩戴方法等方面都具有更大的自由和灵活度。尤其是科学技术的发展更为服饰品设计提供了层出不穷的新材料和新工艺，给服饰品设计带来耳目一新的艺术效果,大大拓展了服饰品设计的空间和表现形式。

本书结合了作者多年从事服饰品艺术教学和实践工作的经验，书中系统地介绍了服饰品的分类，并对各类服饰品的相关设计理论做了系统阐述，理论结合实例，逐一进行详解和分析，图文并茂，富有实用性和启发性。可供服装专业教学所用，也可作为相关行业读者参考和借鉴的资料。希望这本书能够吸引更多爱好服饰艺术的人关注服饰品艺术，能够激发创造力和想象力，给服饰品艺术提供新的设计思路和无限灵感。

本书在撰写过程中，参考了业内专家编写的同类教材和有关论著，实例介绍部分采用了安徽农业大学服装专业学生的作品以及《vogue》杂志的许多图片，在此深表谢意！由于个人才学有限，在编写过程中难免有疏漏之处，还望专家同仁不吝赐教为谢！

高山（安徽农业大学服装系副教授）
袁金龙（江南大学硕士、安徽农业大学服装系主任）

第一章 服饰品与服装

学习目标：

通过本章内容的学习，掌握服饰品的概念与分类、服饰品的特性、起源及其发展趋势，了解服饰品与服装的关系。

学习重点：

服饰品的概念及特性。

学习难点：

服饰品与服装的关系。

第一节 服饰品的概念与分类

一、服饰品的概念

服饰品也称服饰配件，是指除服装（上衣下装）以外所有附加在人体上的装饰品和装饰的总称。主要包括首饰、领饰、包袋、帽子、腰饰、臂饰、鞋袜、手套、伞、扇子、眼镜、手表等。

二、服饰品的分类

服饰品的种类繁多，分类的方法也很多。有按服饰品的材料来分、按佩戴服饰品的部位来分、按服饰品的功能来分、按服饰品加工工艺来分等分类方法。通常根据佩戴的部位可以分为：头饰（主要有帽饰、簪杈梳篦、发带发网、花冠头巾等）、颈饰（主要有项链、领带、围巾等）、胸饰（主要有胸花、胸针、手巾、徽章等）、腰饰（主要有腰带、腰链等）、手饰（主要有戒指、手镯、手套、手表、臂钏等）、足饰（主要有鞋、袜、脚链等）；按服饰品的功能来分可以分为实用性和装饰性服饰品两大类。如鞋、帽、袜、手套、腰带、包、围巾、手帕、眼镜、雨伞等服饰品主要具有实用的功能，同时也具有装饰功能；而项链、头花、胸针、耳环、手镯等服饰品主要具有装饰的功能；按材料特点分可以分为纺织品类、皮革类、金属类、塑料类、贝壳类、陶土类、木材类等。（图1–1、图1–2）

图 1–1 科技发展给服饰品带来新的材料和发达的工艺技术，消费者不断增长的审美需求使得服饰品设计的种类、形式、风格日趋丰富多样

图 1–2 夏奈尔（Chanel）服饰品广告片

第二节 服饰品的特性

了解服饰品的特性，决定了服饰品设计在服饰艺术中的地位和作用，也让我们更好地去发展和应用。

一、装饰性与审美性

作为造型艺术的一种，服饰品本身具有形式上的美感，具有审美的功能和意义。服饰品的美感既包括服饰品的结构、造型、图案、色彩、材质等因素，也包括构成事物的集合关系。如大小形状的排列构成，不同色彩的位置排列，不同材料的质感对比等。这种集合关系显示了形式美感的诸多法则，如对称与均衡、对比与统一、节奏与韵律、比例与尺度等。服饰品的

图 1-3 服饰品本身所具有的形式美感具有装饰的意义

图 1-4 服饰品的结构、造型、图案、色彩、材质等因素使之具有独特的审美涵义

审美意义决定了服饰品的装饰功能，在服饰搭配中，人们常常依托服饰品的灵活形式来丰富自己的着装风格，提升着装的整体形象。在服饰品设计过程中，人们总在努力平衡和完善装饰与实用之间的关系。（图1–3、图1–4）

二、社会性与象征性

自人类进入阶级社会以来，服饰就成了“辩等威，显贵贱”，稳定社会秩序，规范伦理道德的重要工具。服饰作为统治者的工具被赋予象征的意义。中国早在西周时代就形成了冠服制度，以后的各朝各代都对衣冠服饰的等级差异作了明确的规定。人们仅从衣冠服饰外观上就能评判其社会身份。（图1–5、图1–6）在今天，服饰品以及衣着也能反映出着装者不同的社会角色和地位，服饰品可以传达出佩带者的性别、社会地位、职业、宗教信仰、经济条件、婚姻状况等社会讯息。

以服饰象征道德使穿着衣冠服饰与道德教化统一起来，可能是儒家的一种创造。在古代的服饰品中最典型的是以玉比德的佩玉理念。《礼记·玉藻》云：“古之君子必佩玉”，“君子无故玉不去身”。孔子将“君子比德于玉”。玉有五德：玉色温润而光泽：是“仁”；玉体密致而刚坚，是“智”；玉虽有棱而不伤割于物，是“义”；玉体下坠谦恭卑下是“礼”；玉声清冷悠远，是“乐”；玉德瑕瑜互不掩盖，是“忠”；玉德彩色都表现于外，是“信”；因此，玉佩成为君子最重要的服饰配件之一。关于玉的文化和情结一直影响到今天的中国人，玉制的服饰品一直受到广大消费者的喜爱。而服饰品的象征性也随着社会的发展被赋予不同的涵义。（图1–7、图1–8）

图 1-5 清代朝珠 朝珠共108颗，象征12月，24节气，72候，4颗大圆珠象征四季，“背云”表示一元复始，三串珊瑚表示一月三旬

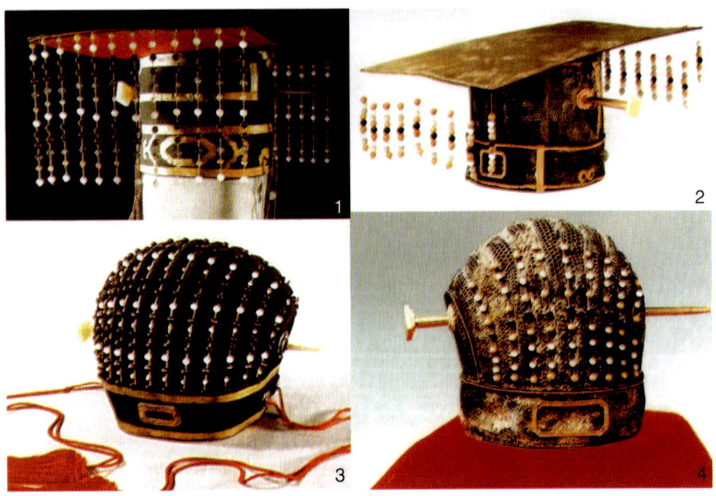

图 1-6 古代帝王的冕冠与皮弁（1图为定陵出土的明神宗朱翊钧12旒冕冠；2图为山东邹县明鲁王朱檀墓出土的9旒冕冠；3图为定陵出土的明神宗朱翊钧皮弁，前后共12缝，每缝缀五彩玉珠9颗，珍珠3颗，贯玉簪；4图为山东邹县明鲁王朱檀墓出土的皮弁，前后共9缝，每缝缀五彩玉珠9颗，贯金簪。冕冠的12旒与9旒，皮弁的12缝与9缝等体现了礼制的等级差别）

三、民族性与多样性

世界上几乎各个国家和民族的历史都有服饰品的记载。服饰品的装饰形式和装饰行为也因此打上不同生活环境、不同社会风俗的烙印。生活在世界不同国家地区的许多民族，由于受社会、经济、文化和习俗的影响，在长期历史过程中逐渐形成了各自特点的服饰形式，具有浓郁的地方特色和民族风格，形成世界服饰文化的多样性。作为人类文化显性表征的服饰艺术，也成为民族识别和民族研究的重要依据。（图1–9~图1–14）

图 1–7 战国晚期玉镂空龙凤合体纹佩（安徽省博物馆藏）

图 1–8 古埃及首饰上的动物装饰有着特别的规定，它代表着所有者的地位和权力

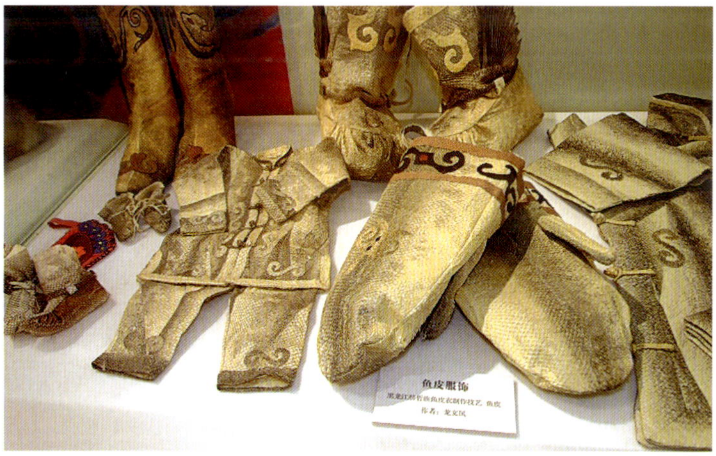

图 1–9 中国赫哲族鱼皮材质的服饰品具有鲜明的地域特色

图 1–10 中国花腰傣姑娘独特的笠帽

图 1–11 富丽堂皇的印度服饰

图 1-12 日本婚礼服的帽饰

图 1-13 大洋洲西萨摩亚服饰

图 1-14 秘鲁帽饰

第三节 服饰品的起源与历史变迁

一、服饰品的起源

在一切社会科学的研究中，“发生学”是最难的。关于服饰品的起源的论述，学术界至今仍无定论，目前对于服饰发生学所提出的几种起源主要有保护说、羞耻说和装饰说等。每一种起源说都能找到相应的根据，然而答案可能不是真正准确和唯一的。考古学提供了可靠的物据，发现人类出现服饰品的时间要早于服装出现的时间。10万年前（旧石器时代中期）德国出现充分属于现代人种的“智人”——尼安德特人，其脑容量已与现代人相同，已经能制造工具，在捷克出土了人类最初的项链，有用猛犸牙、蜗牛壳及狐狸牙、狼牙、熊牙做成的项链串。中国的山顶洞人（新石器时代）是晚期智人的主要代表，考古学家在山顶洞遗址发现了最早的缝纫器具——骨针和许多原始的装饰品，如穿孔的兽牙、海蚶壳、小石珠、青鱼眼上骨和刻沟的骨管等。这些显然是用来穿项链的。人类历史是如此渺远，在没有文字记载之前，我们无从知道和了解这些艺术品的真正含义，也给后人研究留下了无限想象的空间。

有关服饰起源的原因是多元复杂的。日本学者小川安朗先生曾把这些多元的起因综合为：自然科学性的人体防护和社会心理学性的装饰观念两个方面。前者是为了维持生存之必然；后者则是对包括性别、阶级、社交、对敌对人等的意识和对神灵的原始信仰。不论服饰产生的真正根源是什么，重要的是我们发现在漫长的人类历史中，服饰品曾是人类生活的重要组成部分。一些精美的服饰品从远古保留直至今天，仍以它们美丽而神秘的光彩呈现于世人面前。服饰品与服装一起伴随着人类文明的历史从远古走向现代，演绎了丰富多样的艺术风格和艺术形式，显现出鲜明的时代特色。（图1-15）

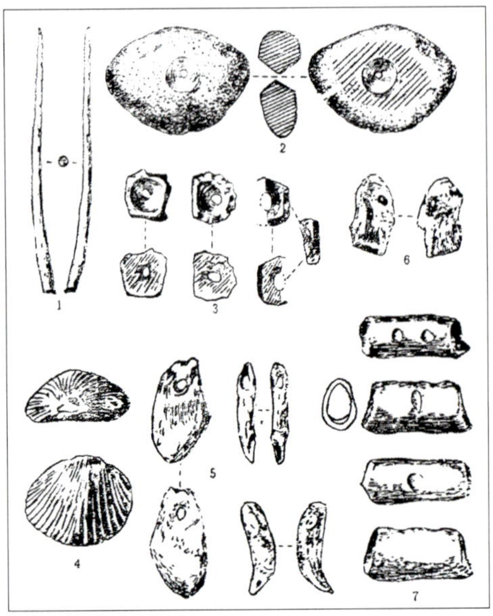

图 1-15 山顶洞人的骨针和装饰品：1.骨针 2.石坠 3.石珠 4.海蚶壳 5.穿孔的兽牙 6.青鱼眼上骨 7.骨管

二、服饰品的历史变迁

服饰文化设计属于器物文化的层面，服饰品的设计也与其中国传统的的造物思想一样，多是将具体的物与抽象的道德观念、伦理规范、贵贱等级联系在一起。也因此影响了服饰品的设计形式和风格的变化。

1. 政治与习俗

中国服饰在形成的初期就被视为社会工具。《易·系辞》记载“黄帝、尧、舜垂衣裳而天下治”。反映了服饰被视为“治天下”之道，服饰也成为社会规范行为的大宗。在专制制度与宗法制度相结合的相当长的历史阶段，人与人之间的尊卑等级区分是维系社会的重要因素，而区别人与人等级的最有效的标志就是服饰。从形象上就能“别异同，明是非”，以形成尊卑有分、上下有序、华夷有别的政治环境和社会秩序。中国《周礼》就记载了相当完备的服饰制度。对于冠服的形制、色彩、纹样和配件、饰件的质地、样式，无不有严格的条例。服饰设计与服饰制度的主管就是统治者自己。这种服制始于周代，历经汉、唐、宋、元诸代，一直延续到清代，绵延两千多年。从世界范围看，以服饰区分社会等级的现象普遍存在，中西方在古代也有相似之处。欧洲还颁布限制消费法令，以此来禁止富裕商人的服饰等级超过统治阶层。（图1–16、图1–17）

图 1-16 根据文献记载及图案资料复原绘制的汉代皇帝冕服、冕冠、赤舄，色彩和造型都体现了统治者的设计思想，尤其是冕旒依数量及质料的不同，是区分贵贱尊卑的重要标志

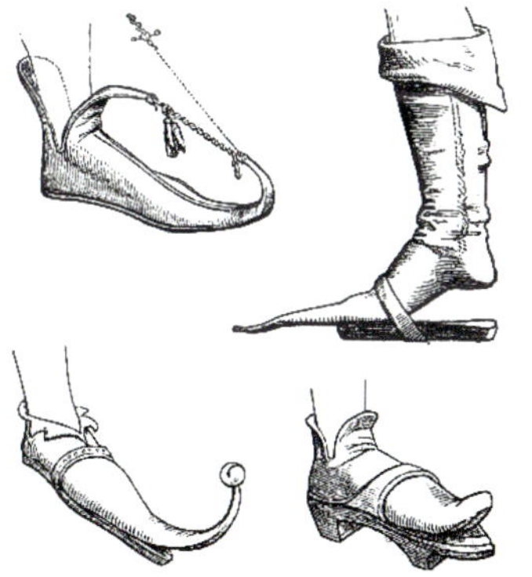

图 1-17 15世纪哥特式风格影响下产生的普兰古靴（poulaine）（其趾长限制为贵族24英寸（62厘米）以上，绅士12英寸（30厘米），平民6英寸（15厘米）

2. 宗教与信仰

服饰是人类物质与精神需求的复合表征。原始社会的生产力低下，人类对自然界和社会的认识大多数积淀为巫术、祭祀或宗教观念的形式，由此产生了原始宗教。这种宗教信仰必然会反映到生活中的各个层面来，也包括反映到人类的服饰行为上。中国少数民族的服饰还有许多宗教文化的遗留，从苗族著名的蝴蝶妈妈图案，到纳西族女子的羊皮披肩；从回族男子戴的圆顶白帽，到盛装苗女胸前的大银牌，无一不具有浓厚的宗教意味。中世纪的欧洲基督教占绝对的统治地位，从而影响了建筑包括服饰艺术的造型和样式。细、长、尖的造型成为具有时代特色的样式。（图1–18、图1–19）

图 1-18 神人纹冠状玉饰（新石器时期良渚文化，浙江余杭出土，高5.2厘米，宽10.4厘米。玉饰上有羽冠神人的形象，有人认为这种玉饰是梳背，如是，则可以插在发髻上作头饰，为巫觋所特有）

3. 经济与科技

经济与科技的发展是推动服饰变迁的有力因素。科学技术的进步丰富了服饰品设计的材料形式和品种。1937年，美国杜邦公司的化学师卡罗瑟斯偶然发现了尼龙纤维，在服饰品袜业史上具有里程碑式的意义，尼龙的合成也奠定了合成纤维工业的基础。经济与科技的发展对服饰品设计的生产方式和加工工艺带来了变革。西方的服饰品设计变迁是从工业革命为标志的，工业革命完成了由传统手工艺到现代设计的转折。由工业革命随之而来的工业化、标准化和规范化的批量产品的生产为包括服饰品在内的设计带来了一系列的变化。设计行业开始

图 1-19 讲究图腾和护身符的象征意义是古埃及首饰的主导内容，也决定着埃及首饰的款式和内容（国王王后极重视王冠和配饰的特殊化，它们不但材质高贵，而且有神的内涵）

从传统手工业制作中分离出来，新的能源和材料的诞生及运用改变了传统设计的材料构成和结构模式。设计的评判标准、受众、要求和目的都发生了变化。（图1–20）

在人类发展的过程中，没有任何一个时期能够像今天这样与科学技术有着如此密切的联系。计算机应用技术在全世界各行各业中得到广泛的运用和发展。计算机辅助设计应用于现代设计的各个领域，现代设计的设计方式、语言环境和美学特征都发生相应的变化。

4. 文化与艺术

从人类服饰文化的发展脉络来看，无论东方还是西方各个时代的文化和艺术潮流对服饰的变迁起到很大的作用。在中国以汉族为主的汉文化具有主流文化的特征，而那些汉族以外的少数民族也拥有本民族文化特征的艺术产品。清代是满族人当政的朝代，各种服饰品的设计无论是造型、色彩都显示了异于汉民族的造型和样式，这些别具特色的服饰品也成为中国的服饰史上华美的篇章。

欧洲18世纪洛可可艺术、英国的工艺美术运动、19世纪末的新艺术运动、20世纪五六十年代的波普艺术等艺术形式都对服饰的设计产生一定的影响。尤其是19世纪末20世纪初在欧洲和美国发生和发展的新艺术运动，它是一次影响面相当大的装饰运动，时间跨度将近30年，几乎涉及十几个国家，新艺术运动包括了所有的设计领域，从建筑、家具、产品、首饰、服装、平面设计、书籍装帧，一直到绘画、雕塑都受到影响，是设计史上一场重要的形式主义运动。这些不断变化的艺术思潮，无疑给服饰文化注入新的元素，也带给人们不同的视觉感受和全新的审美理念。（图1–21~图1–25）

服饰品的设计演变与经济、政治、军事、科技水平、文艺思潮、宗教信仰及生活习俗有着直接的关系。这些因素促使服饰品设计的形式与功能、文化与内涵、装饰与风格等不断地完善，逐渐摆脱其原有的某些特性朝着多元化的设计方向发展。

图 1-21 鹰形金冠饰（现藏内蒙古自治区博物馆，以北方匈奴生动形象的动物为装饰题材，显示出草原文化的特色，是匈奴遗物中最有代表性的艺术珍品）

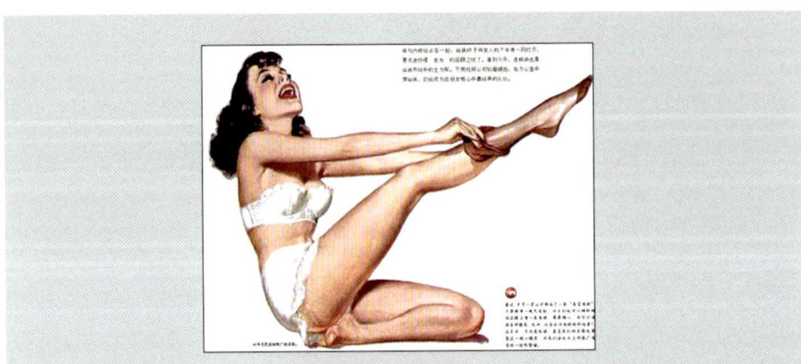
图 1-20 20世纪40年代尼龙丝袜广告女郎（1940年5月5日第一批尼龙丝袜在美国上市，售价2美元，72000双丝袜在一天内被抢购一空）

图 1-22 法国首饰设计师勒内·拉里克（Rene Lalique）：蜻蜓人形胸针（新艺术运动装饰的动机基本来源于自然形态。艺术家在“师法自然”的过程中寻找一种抽象，把自然形式赋予一种有机的象征情调）

图 1-24 欧普艺术（Op Art，主要采用黑白或者彩色几何形体的复杂排列、对比、交错和重叠等手法造成各种形状和色彩的骚动、有节奏的或变化无规律的活动的感觉，给人以视觉错乱的印象）

图 1-23 新艺术运动（强调自然中不存在直线，自然中没有完全的平面，在装饰上突出表现曲线，那些蜿蜒流动的线条，鲜活华美的纹彩使得珠玉宝石获得了奇异的生命力，在艺术家精心设计的首饰上，人们可以感觉到带着芽孢的枝条在缠绕生长，露水在昆虫的腿上闪闪发光）

图 1-25 2008春夏服饰，波普图案成为重要的设计元素波普艺术（Pop Art）拉近了艺术与公众的距离，形成其独特的艺术风格

图 1-26 中国风情的芬迪（FENDI）手袋设计

图 1-27 夏奈尔（Chanel）宝石盘龙手镯采用双龙盘绕的造型和透着藏饰意味的宝石镶嵌，显示出中国味道十足的设计概念

第四节 服饰品设计的发展趋势

每个时期的服饰品艺术都受到社会的工业生产方式、社会政治因素、文化思潮以及层出不穷的新材料、新工艺的影响产生新的变化。21世纪随着全球经济一体化的大趋势，以及交通、通讯等信息业的发展，服饰品设计正以前所未有的步伐快速推进。从设计、制作、生产、陈列、广告销售、佩戴艺术形成了专门的体系，未来的服饰品设计呈现出新的发展特点。

一、交融与渗透化

面对世界经济一体化的今天，东西方文化也在交流中互相交融和渗透。世界各民族的的文化在这种交融和渗透得以丰富和发展。优秀的传统文化与现代艺术结合，本民族艺术与外来艺术融合，都成为新时期的设计特点。各国立足本民族的风情与文化特征，积极吸取、借鉴各民族优秀的艺术灵感，加以提炼和创新，与本民族的文化相融。以此获得新的艺术形式以满足消费者对不同审美风格的喜好。（图1-26、图1-27）

二、功能与人性化

服饰品设计对象始终是以人为中心，因此需要贯穿以人为本的设计思想，设计目的需满足人的需要。随着科技不断的发展，服饰品设计的高科技含量也在提高。例如手镯不单纯具有审美的功能，还有磁疗功能的内装置，佩戴后可以调整血压使之正常，还有可以测量体温的戒指，可以按摩和磁疗的鞋子等等。未来的服饰品设计更趋于人性化。

服饰品的人性化设计不仅体现在产品的功能设计上，还体现在面对特殊人群的设计上。如盲人、聋哑人、残疾人的产品设计上。而服饰品设计的多功能与人性化无疑会增加产品的许多附加值。（图1-28）

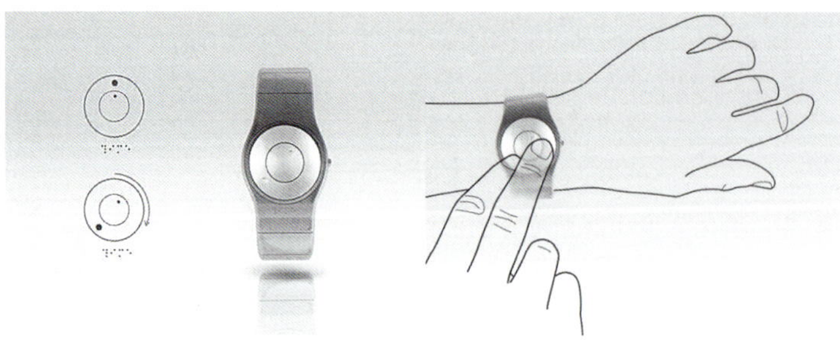

图 1-28 为盲人设计的手表（表盘有两个圆盘，每个圆盘上都配有一个凸起来代替时针和分针，盲人可以通过直接触摸了解当前的时间。此外，在表盘的底部还可以显示盲文点子法）

图 1-29 Che che 富有人性化设计的淑女猫配饰系列手袋

图 1-30 童心幽默的“马克丑娃”手袋（Marc by marc Jacobs Tote-ally Miss Marc Tote）受到许多时尚女生的喜爱

三、时尚与个性化

服饰品设计艺术通常包括设计艺术与佩戴艺术两个部分。服饰品的设计与制作是由设计者完成的，而佩戴则有消费者参与完成。随着经济的发展和社会文明程度的提高，人们对自身形象的关注和投入也随之增加。电视、网络、书刊等媒体的宣传和引导，使得消费者的消费更趋于理性和智慧。服饰品最具有识别的功能，常常代表了使用者的审美情趣和价值观。年轻人常常是服饰品消费的主体，他们追求个性、时尚，向往个性意志和趣味的体验和实现，有着求异不求同的新消费观念，他们也是最容易导致购买行为的人群。他们在注重服饰品本身形式美的同时，更注重选择符合自己气质与风格的产品形式。因此服饰品的设计应顺应潮流的变化，更富有设计个性来满足不同消费者的需求。除此以外，服饰品的设计更注重在佩戴方法上的灵活性，以此来培养使用者主动参与的意识。（图1–29、图1–30）

四、品种与系列化

系列化设计成为当今服饰品设计的一个主流化特征。系列设计以成套、成组筹划相关联的样式，其群体所表现的强大的信息容量和视觉冲击力已经成为一种国际性的思潮。在服饰品设计中，系列化设计所呈现的群体美和和谐完整的视觉形象表达了强烈的信息传达力，使之具有良好的陈列效果。在商场的货架上系列化的产品设计大面积地占据展销空间，其成套出现完整的视觉形象容易给人留下深刻而强烈的印象。系列化设计成为一种创立品牌、提高产品的竞争力、吸引顾客和促进销售的强有力的手段。统一和谐又变化多样的系列化服饰品设计以其强大的声势强化了视觉冲击力和影响力，体现了设计师设计思维的连贯性，又给消费者提供了多样化的选择。（图1–31~图1–34）

图 1-31 日本艺术大师村上隆（Takashi Murakami）为路易威登（LV）推出迷彩系列的包款，受到年轻人的喜爱，服饰品的设计加强和调动了使用者的参与意识

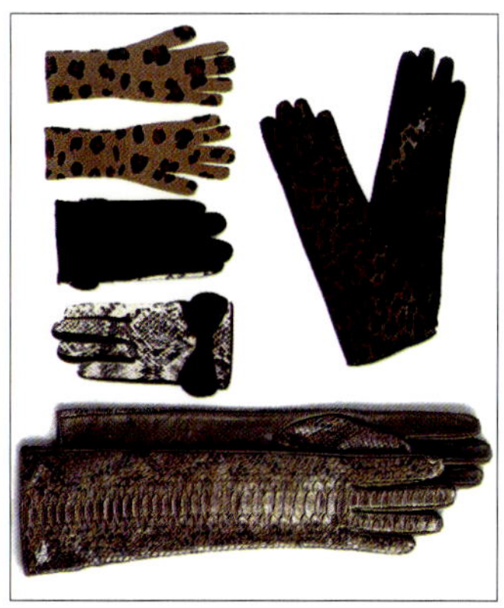

图 1-32 时尚的手套设计

图 1-33 系列作品比单件作品更能吸引人的注意力

五、绿色与环保化

绿色设计是20世纪80年代至90年代兴起的一种新的设计方式，它是随着生态技术的发展过程而成长的。绿色设计理论是新的设计价值观的体现。绿色设计强调人与自然的和谐关系，以前的产品设计过程忽视了产品使用中产生的能源和环境等问题。人们逐渐意识到环保的重要意义，崇尚自然材料的倾向也从单纯的设计思维向大众消费者转移。天然纤维、天然材质制成的装饰品更加受到人们的青睐。如真丝丝巾、领带，木质的手镯、耳环，贝克项链与首饰，椰壳的发饰品等成为许多人喜爱的服饰品。

绿色设计在设计的过程中，在每一个决策中，都要充分考虑到环境效益和人与自然的生态平衡关系。设计的中心也放到功能的创新、材料和工艺的创新、产品的环境亲和性创新上。设计的产品可以再利用，构成产品的材料可以回收，可以再加工和重复使用，形成良性循环。

绿色设计的理念是以一种更为负责的态度，更科学合理的造型结构去创造最新的产品形态，绿色设计将设计的可持续发展与人类耐以生存的自然有机统一起来，与绿色设计的科学理念也为新世纪的设计思想发展确立了一种不可违背的原则。（图1-35、图1-36）

图 1-35 卡路驰（crocs） 的鞋子设计以舒适轻便的功能和独特的制作材料而著称（其采用的Croslite材料不仅拥有防臭及抗菌功能，还能够随体温的变化而变化，且柔软舒适贴合人的脚部曲线，受到了妇孺老少的青睐）

图 1-34 品种的多样化可以满足不同审美情趣的消费者的需求

图 1-36 各种造型、图案的木质饰品

第五节 服饰品与服装的关系

现代广义上的服装概念不仅包括了上衣和下装，也包括了配合衣服穿用的鞋、帽、首饰、包、围巾等服饰品。由此可见，服饰品与衣服是不可分割的整体。

一、服饰品对于服装的意义

服饰品在塑造着装者整体风格上的重要性丝毫不亚于服装。服饰品配置与配比对于服装的完成度至关重要，尤其当装饰成为“设计眼”时，对饰物分量的掌握直接影响到服装的完整性。今天服饰品的生产和销售已相对独立，并成为时尚工业不可或缺的一部分。在现代的高级成衣发布会上，服饰品与服装共同体现出设计师的设计理念和设计主题，并从中产生了专门从事服饰品搭配的职业设计师。服饰品还对服装品牌深入人心起到了一定的作用。夏奈尔的鞋包、首饰、香水，迪奥的眼镜、珠宝、手套，阿迪达斯的帽子、护腕、护膝，与服装一起展示了品牌的特征，传达了品牌的文化。服饰品与服装构成完整的品牌形象深入人心，增加了消费者对品牌的忠诚度，同时也对促进服装的销售率是非常有帮助的。（图1–37、图1–38）

图 1-37 以图案设计与制作工艺著称的服饰品门类：爱马仕（hermes）丝巾

图 1-38 路易·威登（Louis Vuitton）东京银座橱窗服饰品陈列

二、服饰品与服装的关系

服饰品与服装处于共同发展演变的过程中，是一个整体的两个方面。它们同属于服饰文化的范畴，服饰品与衣服同等重要的观念也正在为许多人所接受。

1. 整体性

服饰品虽小，影响却很大，它能使服装的外观形象更具整体性。服饰品的搭配参与提升了服装整体形象的完成度。由于各种各样的服饰品作为独立体具有美的价值，它能够改变服装表现个性，提高服装的品位和档次，通过风格的鲜明性、搭配的完整性可以最大程度的避免产品同质化。消费者希望购置的服装在大体相同的情况下避免过于雷同和落伍，服饰品的运用可以让他们有着更多的选择空间。一方面满足了不同消费者突出个性的要求，另一方面也引导了消费的潮流。因此。一件足够有设计力量的服饰品完全可以达到一件服装的效果。（图1–39）

图 1-39 赛琳（Celine）2009秋冬服饰（服饰品与服装一起构成使得着装者的形象更为完整和丰满）

2. 统一性

服饰作品的完成实际上是一种艺术综合过程，不同的、独立的品种组合成一个完整的服饰形象系列。许多独立的服饰配件种类需要协调地结合起来，形成一个崭新的、完整的视觉形象。否则会削弱服饰整体形象的表现力。着装艺术追求的是整体的风格形象，是包括服装款式色彩、首饰鞋帽、化妆发型等在内的完整统一体的形象。

服饰品与服装的统一性一方面体现在服饰品与服装在造型、色彩、材质风格上的统一。成功的服饰品搭配有着“锦上添花”“画龙点睛”的效果。现在市场上有的服装品牌为了

图 1-40 服饰品与服装色彩的统一

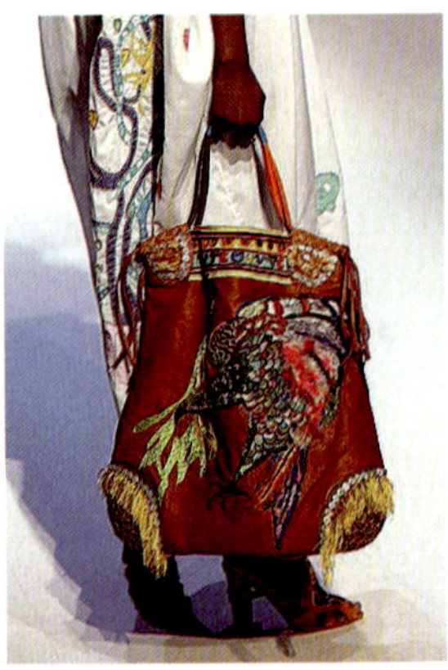
图 1-41 服饰品与服装风格的统一

图 1-42 观众戴帽出席是英国皇家爱斯科赛马会的传统，令赛马会更为闻名遐尔的是赛马会上女士极具特色的帽饰成为最大的亮点

省却顾客的烦恼，索性生产设计出售与服装匹配的服饰品，大大方便了顾客，也刺激了购买力。一些国际著名的服饰品牌更是推出自己品牌的延伸产品。服饰品与服装的统一性另一方面体现在服饰品与服装一样都是以人体为依据的造型艺术。服饰品与服装的设计与搭配也都面向于不同性别气质和结构比例的人群。服饰品设计同样也应该遵守服装设计的TPO原则。即与穿着者所处的时间（Time）、地点（Place）、场合（Occasion）相吻合。 服饰品完善服装效果的作用，一般建立在与服装使用场合搭配的基础上。如职业女性工作时佩戴的服饰品以造型简洁大方的为主，出门旅游度假可以选择即有型又实用的帽子、太阳镜等，舞会或朋友的生日可以使用些造型夸张、色彩鲜艳的服饰品等等。（图1-40~图1-42）

3. 从属性

服饰品的作用固然重要，但由于人是服装和服饰品最终要表现的对象，因此服装和服饰品关照的中心、主体始终是着装的对象——人。服饰品受到服装款式和着装对象的牵制，服饰品必须与服装一起才能显示出它的装饰作用和经济价值。因此，服饰品材质的选定，装饰的部位，表现的手法和表现形式等都要依赖于服装款式、服装风格和着装对象的特点而定。服饰品与服装是相互关联、不可分割的整体。服装也依赖服饰品的质感和造型等因素互补互衬构成完整的视觉形象。

服饰品作为服装“点睛之笔”的辅件和组成部分，不仅具有很强的视觉效果和艺术感染力，还具有很大的创造性和灵活性。从经济的角度看服饰品能以很经济的形式，有效地提高服装的品位，这使得服饰品比服装具有更强的市场竞争力成为可能。（图1-43、图1-44）

图 1-43 巴布丽（Burberry）服装广告（服饰品色调与服装风格的协调构成着装者完整的视觉形象）

图 1-44 杜嘉班纳（Dolce& Gabbana）包袋设计的色彩与服装的色彩呼应协调

三、我国的服饰品设计现状

中国服饰的发展可以分为古代、近代、现代三大时段。古代服饰指有史以来到辛亥革命的服饰，服饰的设计虽然经历了奴隶社会和封建社会，但大体可以列为一个系统。近代服饰指辛亥革命到1949年的服饰，时间虽然不足40年却是中国服饰向现代化发展的重要转型期。逐步形成中西并举的现象。现代服饰指1949年至今六十多年的服饰。而现代服饰产业的运作开始于改革开放只有短短的三十几年。古代的服饰充分发育，从冕冠、衣裳、绅带、靴鞋，到纹样、配件、首饰等一应俱全，中国服装真正与世界同步是直到20世纪80年代才实现。在改革开放的推动下，中国的服饰设计在短短的三十余年的时间里发生了日新月异的变化，这种变化也为世界瞩目。

我国现代服饰产业虽然历史短暂，但从设计到生产、销售到教育和时装表演一应俱全，与西方发达国家拥有成熟的知名品牌相比还有很大差距。服装与服饰品关联设计是市场发展的客观需要。国际知名品牌的早已实现服装服饰系列化，而我国的服装服饰系列化才刚刚起步，因此服饰品的设计与开发具有极大的市场。（图1–45、图1–46）

作业：

1. 服饰品的概念与特性。
2. 收集服饰品的相关资料并对其分类。
3. 结合中外服装史课程，了解服饰品的起源与历史变迁。
4. 服饰品对于服装而言有何重要意义。

图 1–45 夸张精致的夏奈尔（Chanel）项饰：国际知名品牌早已实现服装服饰系列化

图 1–46 米索尼（Missoni）配饰品（依托服装品牌的优势，开发相关系列的服饰品设计是国际知名品牌发展的一个方向）

第二章　服饰品设计的方法

学习目标：

通过本章内容的学习，掌握服饰品设计的方法、服饰品设计的灵感来源、基本要素和构成法则，以及服饰品设计的思维方法。

学习重点：

服饰品设计的基本要素、构成法则和思维方法。

学习难点：

服饰品设计的思维方法。

第一节　服饰品设计的灵感来源

一、灵感来源

服饰品设计艺术是一门视觉艺术。从事艺术设计首先要热爱生活和学习，只有热爱生活的人才会对生活充满丰富细腻的观察，自然界无尽的视觉资源——娇艳欲滴的花瓣、昆虫的色彩、植物的肌理……旧式家具、舞蹈、雕塑……以及社会生活中的人和事……一切都可能是作品设计创作的灵感来源，设计师通过对这些客观事物和社会生活进行观察、体验、分析和研究，然后对素材加以选择、提炼、加工，同时还要借鉴和吸取其他艺术门类，如工业设计、建筑与环艺设计的知识与设计经验来塑造艺术形象。无尽的灵感来源丰富了服饰品设计艺术的多样性。（图2-1~图2-8）

图 2-1 第七届香港珠宝设计比赛作品《魔镜》手镯设计，灵感来源于童话故事

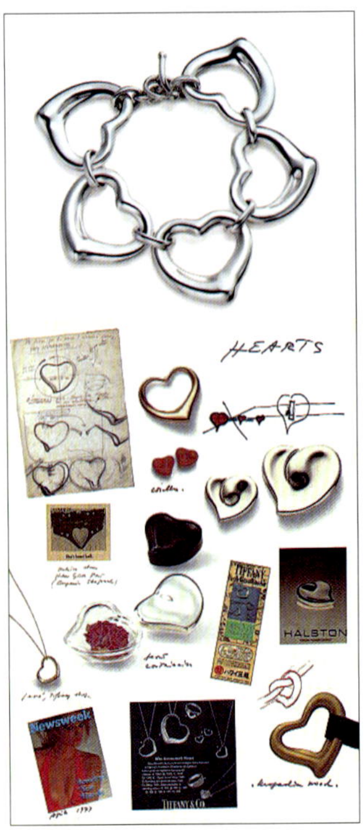

图 2-2 蒂凡尼（Tiffany）Open Heart系列手稿与相关设计（Open Heart系列首饰设计是蒂凡尼（Tiffany）三十多年来最受欢迎的情人节礼物）

图 2-3 揉合戏曲元素的头饰设计

图 2-4 具有杂技风格的头饰设计

图 2-5 夏奈尔（Chanel）高级手袋设计，灵感来源于俄罗斯娃娃

图 2-6 迪奥（Dior）的手包造型来源于酒瓶，表面饰以黑白的豹纹图案

图 2-7 2006年中国国际服装博览会获奖作品（鞋子类），灵感来源于中国戏曲

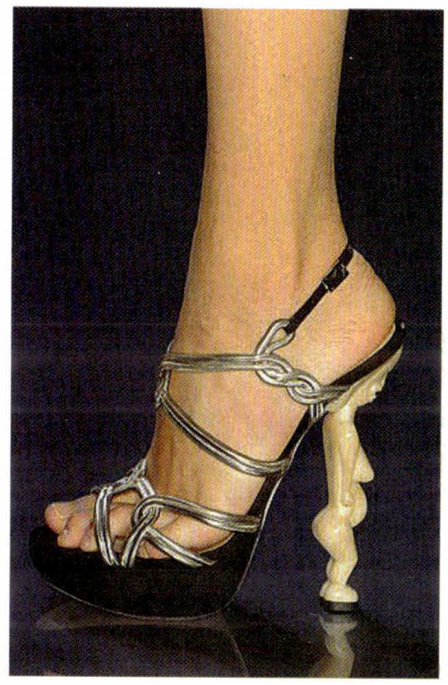

图 2-8 鞋跟设计的灵感来源于欧洲雕塑

二、想象的意义

想象是思维主体运用已有的形象形成新的形象的过程。想象具有预见、补充知识、经验、代替的作用，它可以跳过某些思维阶段构成事物的形象。想象对于艺术设计来说有着重要的意义。想象让设计创造活动更为自由，想象也使思维变得多样性。想象赋予了设计艺术作品无限创新的形式，那些充满想象力的艺术作品，有着打动人心的魅力。想象成为设计师最为可贵的心理品质。爱因斯坦曾说："想象力比知识重要，因为知识是有限的，而想象力概括着世界上的一切，推动着进步，并且是知识进化的源泉。"鲁道夫·阿恩海姆定义了想象在艺术中的功能："艺术想象就是为一个旧有的内容发现一种新的形式。就是对事物创造某种形象的活动。"（图2-9~图2-12）

展开丰富的想象离不开联想这个心理过程，想象力和联想力除了天赋因素之外，后天的训练也是至关重要的，想象是从已有的形象中分析必要的元素按照新的构思重新组合创造出新的形象的过程，黏合、夸张、典型化。联想是想象进行综合的集中形式。

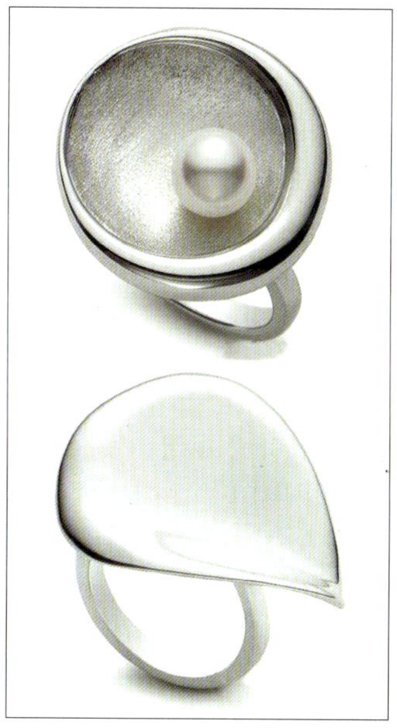

图 2-9 月亮戒指（山本耀斯为御木本（MIKIMOTO）设计的以月亮为灵感的珠宝系列）

第二节 服饰品设计的基本要素

一、造形

造形是服饰品设计重要的元素，造型体现了服饰品的外形特征。创造服饰品的形态属于人工形态，人工形态是指人类有意识地从事视觉要素之间的组合或构成活动所产生的形态，它是人类有意识、有目的的活动创造的结果。人工形态根据造型特征可分为具象形态与抽象形态。具象形态是依照客观物象的本来面貌构造的写实，其形态与实际形态相近，反映物象的细节真实和典型性的本质真实；抽象形态不直接模仿显示，是根据原形的概念及意义而创造的观念符号，使人无法直接辩清原始的形象及意义，它是以纯粹的几何观念提升的客观意义的形态。数字、符号、字母、标志等符号结构也属于抽象形态。（图2-12~图2-17）

二、图案

作为服饰品设计的重要元素图案，是形成服饰品风格的主要手段。不同的图案内容、形式、表现手法，结合不同的材料和加工工艺，营造出精致或古典、粗犷或现代等不同的艺术风格。图案也具有灵活的表现形式和手法，既可以成为装饰的视觉中心，也可以丰富材料的装饰内容，既可以是平面，又可以是立体的构成。

服饰品图案有着丰富的形式与类别，图案不同的题材内容和装饰特点还成为区别各民族间文化和审美差异的主要依据，甚至是时代标记的重要构成因素。图案具有形象识别的特点使得服饰品图案成为服饰品牌的重要标志，不仅体现了设计师个性，还强化了服饰文化的内涵。（图2-18~图2-20）

为纪念马鞍包（Saddle Bag）诞生十周年，设计师John Galliano推出了Saddle Bag系列作品，在相同的马鞍造型设计中赋予图案的设计变化。图案设计汲取他曾踏足的许多国家的文化及灵感。（图2-21~图2-26）

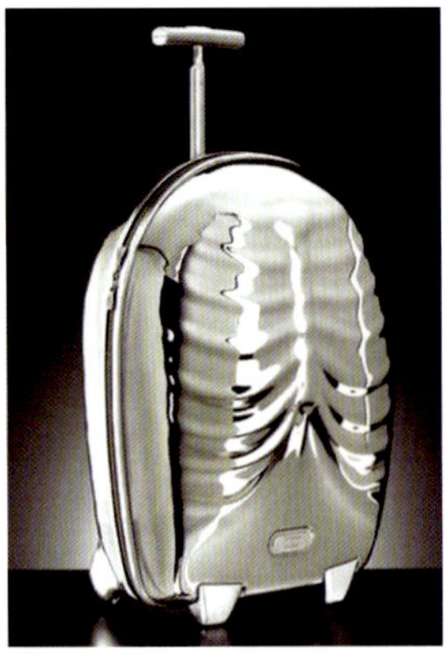

图 2-10 箱包品牌Samsonite令人过目不忘的“胸骨”旅行箱设计（以人体躯干为蓝本，前方以胸腔和胸骨的形状为轮廓，后方设计成脊骨模样，全银色包裹让旅行箱极具太空科技的设计理念）

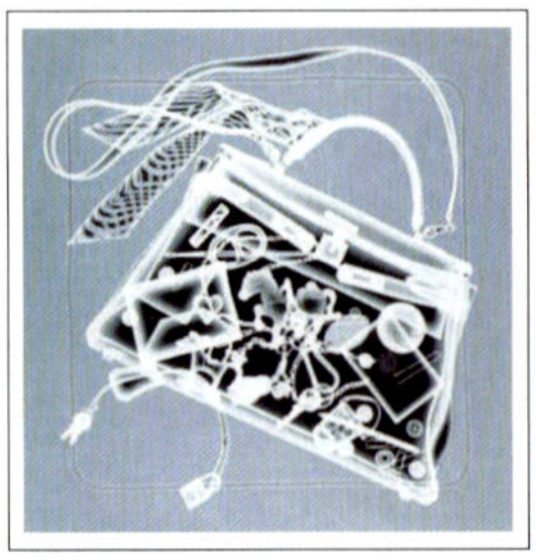

图 2-11 爱马仕（Hermes）方形透视图案丝巾设计（以富于幽默感的方式剖析了一位时髦的巴黎女子所提凯丽包的内容，揭示出她的财宝和她的秘密）

图 2-12 英国皇家爱斯科特赛马会至今已有近300年的历史，在比赛的第三天被称为“女士日”（Ladies Day），因为这一天女士们创意十足、造型新奇的帽子更是让赛马会闻名遐迩

图 2-13 根据自然界的枯叶设计具象形态的项圈、耳环和戒指设计，从构成形状、肌理、色彩都反映出真实的细节

图 2-14 迪奥（Dior）几何外形人造宝石项圈，几何形的构成体现出抽象形式的美

图 2-15 普拉达（Prada）“异形”设计的高跟鞋（鞋跟、鞋面突破传统的造型设计从视觉上给人带来前所未有的新奇感）

图 2-16 夏奈尔（Chanel）高级手袋采用蛋形的造型设计，新颖而又时尚

图 2-17 灵感来源于古罗马圆形剧场的芬迪（FENDI）桶包设计

图 2-18 爱马仕（Hermes）丝巾设计以图案和工艺见长，每一条丝巾的图案设计都精致、独特而富有生机

图 2-19 服饰品的图案设计具有品牌识别的意义，菱形格纹、双“C”字母交叠、山茶花图案是夏奈尔品牌的标志

图 2-20 卡地亚（Cartier）“祝福中国”系列中国龙图案袖扣设计

图 2-21 英国摩洛哥：参考摩洛哥著名的瓷砖图案

图 2-22 墨西哥：采用传统的南美图案

图 2-23 日本：灵感来源于和服上的宽腰带

图 2-24 法国：灵感来源于玛丽·安东尼特的法式古典印花

图 2-25 中国：橙红色的缎布材质与中国龙的图案组合

图 2-26 埃及：金色的几何排片图案设计

图 2-27 Jennifer Behr新娘花饰品设计，白色的头饰是婚纱服饰中最常用的色彩形式

三、色彩

色彩是“一般美感中最大众的形式”，也是服饰品设计中最有魅力的因素。不同的色彩可以引发人们产生不同的联想和感受。色彩所带给人的想象使它具有“表情”的属性。红色使人想到烈火、鲜血、秋日层林尽染的枫叶，它给人温暖、热情、激动的心理感受；而蓝色则让人联想到晴空、碧波、大海，它带给人的是宁静、清凉和幽远。在服饰品的色彩设计过程中，人们常常利用色彩给人带来的心理情感的影响，赋予服饰品不同性别、不同年龄、不同季节、不同主题的色彩设计。

服饰品的色彩设计必须依托于不同的材料载体呈现出来，尽管是色相相同而材料不同所显现的情感特征也是不同的，如大红色漆皮包袋和相同色相的草编包袋所传达的气质和情感是迥然不同的。色彩与材质的质感的配合是无限的，在设计服饰品的设计过程中，色彩设计与恰当的材质表现呈现出色感与质感的最佳组合。（图2-27~图2-31）

图 2-28 迪奥（Dior）设计师以大自然花朵、植物等元素为设计灵感的耳坠，具有热情斑斓的色彩形式

图 2-29 具有建筑轮廓和非洲异域风情的鞋子设计（红黄蓝白色彩的对比保留了原始染色的浓重感，用光滑绳缎的材质代替草编恰到好处）

图 2-30 色相相同而材料不同的色彩形式所传达的情感特征也不同，这也成为统一与变化形式美法则中常用的设计手法

图 2-31 富丽华贵、美艳灼人是意大利品牌华伦天奴（Valentino）的特色，经典的红色设计被认为是最具优雅女性气质的高贵颜色

图 2-32 20世纪30年代，夏奈尔首次将玻璃珠构成的“时装首饰”项链运用在服装上，带来了深远的影响，她首次将廉价材质代替高贵材质的设计使得更多的人能够使用服饰品成为可能

图 2-33 2009夏奈尔（Chanel）秋冬包袋设计，经典的黑白色彩经过透明材质的演绎呈现出独特新颖的视觉形式

图 2-34 珠贝晚宴包采用极简的造型设计，独特材质的花纹图案显示了自然的美

图 2-35 Tatty Devine以孩提时代的魔方为蓝本设计的塑料手镯，童真的色彩与塑料材质结合得恰到好处

图 2-36 编织草帽的材质总能带来乡村的田园感和悠闲的生活情调

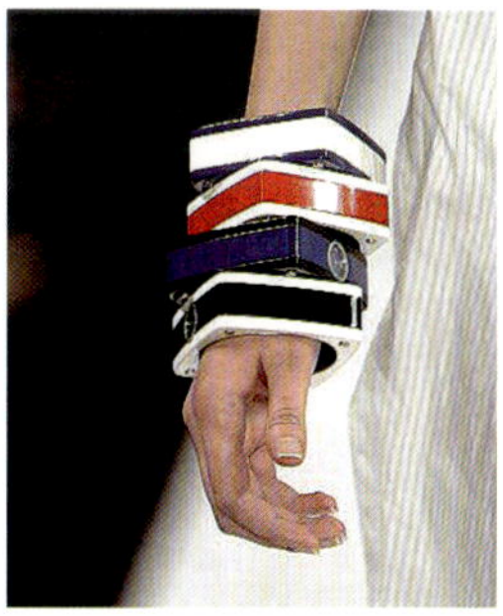

图 2-37 外方内圆的树脂材质的手镯（其轻巧的材质可以获得重叠佩戴的方式，备受年轻人的喜爱）

四、材质

材料是体现服饰品造型与色彩的物质基础。服饰品的材质一般是指原材料的质地、色泽、肌理形成的视觉与触觉的综合感觉。不同材质具有材质本身特有的气质和魅力，如丝绸的飘逸和光泽显示高贵，毛线的柔软显示出舒适，皮革的挺括能显示出精干，金属的坚硬能显示出力度……服饰品材质无论是形式范围还是构成种类都比服装材料要丰富和自由得多，构成服装的材料大都是各种纺织品材料，而服饰品设计材料除了各种纺织品材料以外，还有金、银、钻石、玻璃、塑料、陶瓷、木材、羽毛等多种材料形式，这也正是服饰品设计比服装设计灵活和自由的原因所在。

服饰品的流行与和新材料的发现有密切的关系。20世纪90年代后期出现了很多新发明的发光面料，为设计包袋、鞋子的外形、色彩、质感提供了变化的条件。随着科学技术的发展，材料的种类也会越来越丰富。不同的材质的质感、肌理效果不同，给人视觉上带来的感受也不同，为设计师和消费者提供了丰富的选择空间。在服饰品的设计过程中，设计师应当善于挖掘、发现、组合不同材质的潜力。设计的作品要能“材尽其美”，不同的材质组合对比设计常常能产生新颖独特的视觉形式，因此也成为设计师常用的设计手法。（图2-32~图2-37）

图 2-38 Bottega Veneta招牌产品（如棋盘格纹的编织效果的手袋，由纯手工穿梭串编而成，体现出细微复杂的精巧工艺）

图 2-39 夏奈尔（Chanel）金色雕花手饰，具有精致华贵的审美特征

图 2-40 Astrale腕表镶嵌工艺（黄金表壳与黑色表盘，黄金材质，满镶碎钻和彩色宝石，突出这款珍贵腕表的华贵优雅）

五、工艺

服饰品的造型、图案和色彩设计需要通过一定的工艺表达出来。不同的材料性能决定了不同的工艺特点。如钻石的切割等工艺，纺织品材料的绣花、绗缝、拼接等工艺，皮革材料的镂空工艺等。选择不同的工艺方式也显现出不同的视觉效果。因此，拓展服饰品的工艺技术也是完善服饰品设计的重要内容。随着科学技术的发展，服饰品的工艺水平得到不断提高和改进，也使得服饰品设计效果更为科学、合理、美观。（图2-38~图2-40）

第三节　服饰品设计的构成原则

服饰品设计的基本元素之间的构成和逻辑关系被称为形式，这些形式具有独立的审美特征。人类把在创造美的过程中对美的形式规律的经验总结和抽象概括为形式美的法则，这些法则成为现代设计的理论基础知识，也成为设计艺术领域的通用法则，服饰品设计构成也同样体现了这些法则。

一、均衡与对称

均衡是均齐平衡，物理学上的平衡原理同样适用于视觉平衡。均衡并不是物力上的平衡，而是视觉上的均衡。在服饰品设计中均衡的设计非常普遍。在一件作品中，假设有一个视觉中心，在这个视觉中心两侧的分量相近则可以达到均衡。这种平衡的基本法则是求得不同分量的形、色、结构等形态元素在视觉重力上的平衡。常常体现为形状的均衡、色彩的均衡、动势的均衡、比例的均衡等。（图2-41、图2-42）

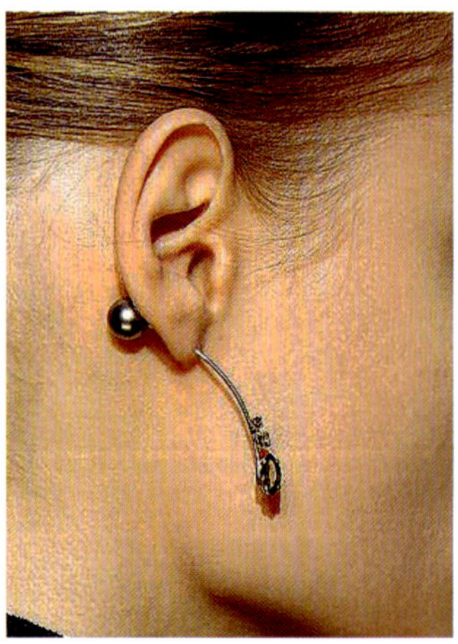

图 2-41 JIL SANDER的平衡设计耳环，耳环构成的形的大小、比例具有态势的平衡

图 2-42 夏奈尔（Chanel）钻石胸针设计（相对于对称的静态美，均衡则是动感的美，显得更有生机）

图 2-47 第七届香港珠宝设计作品《蒲公英》（蒲公英的种子互相连系，由大至小的渐变排列，就像缓缓起飞一样，富有节奏的变化）

图 2-48 夏奈尔（Chanel）流苏项链设计，通过形状、大小、比例重复排列产生优美的律动感

图 2-45 服饰品系列设计体现了多样与统一的设计原则

规则的均衡称为对称，对称是指视觉中心左右或上下完全相对应的形态。对称是平衡法则的特殊表现形态，也是人类在形式美方面最先发现和运用的美学原理。对称的视觉效果稳重、安定，在造型秩序中，最古老最普遍的内容之一就是左右对称。对称也是服饰品设计中常用的方式，如耳环、眼镜、鞋靴、手套、袜子、手套等设计多为对称型，对称的形式也多种多样，除左右对称以外，还有上下、反射、旋转等对称形式。（图2-43、图2-44）

二、多样与统一

“多样性”与“统一性”是两个互相对立的因素。多样性是指从造型、材质、色彩、装饰工艺等方面都有不同程度的差异，多样性增加了对比是生动活泼变化的因素。但是过多的无序的多样则会产生紊乱的效果，所以使复杂的、变化的因素统一起来，过分的统一则显得单调乏味，因此在服饰品设计的过程中，把握和拿捏多样与统一的“度”非常重要，在多样中寻求统一的因素，在统一中寻求多样的变化，将两者有机地联系起来，才能创造出和谐美观的作品形式。（图2-45、图2-46）

三、节奏与韵律

节奏本为音乐术语，指音在时间上的长与短、程度上的强与弱、分量上的轻与重的变化秩序。在服饰品设计中，节奏指构成因素的大与小、多与少、强与弱、轻与重、虚与实、长与短、曲与直等有秩序的变化。节奏在造型处理上，通过形状、大小、位置、比例排列变化可以产生多种律动感。其中相同形状的等距离重复排列是最基本的节奏形式。节奏不仅具有重复的性质还包含逐渐变化的因素，如形状的渐大渐小、位置的渐高渐低、色彩的渐明渐暗、距离的渐远渐近等。

韵律从广义上讲是一种和谐美感的规律，确切讲在艺术中它是形象在节奏的节制、推动、强化下所呈现的情调和趋势。韵律是一种潜在的秩序，一种含蓄的美感。（图2-47、图2-48）

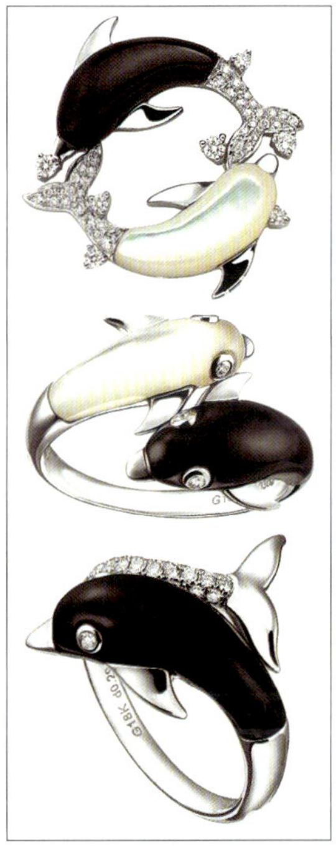

图 2-46 海洋系列首饰设计体现了色彩的和谐统一与款式的多样变化

图 2-43 圆形具有最高的对称性，是完美的对称形式

图 2-44 对称的形式天然就是均衡的，中轴对称的格局给人安定、平衡、完整的统一美感

图 2-49 包带与腰带设计运用了相同的设计方法，调和中又富有宽窄对比的变化

图 2-50 夏奈尔（Chanel）顶级珠宝系列项链设计，圆形的构成元素在造型上取得和谐，但在大小、色彩、方向、位置的变化使得整个设计生动而不单调

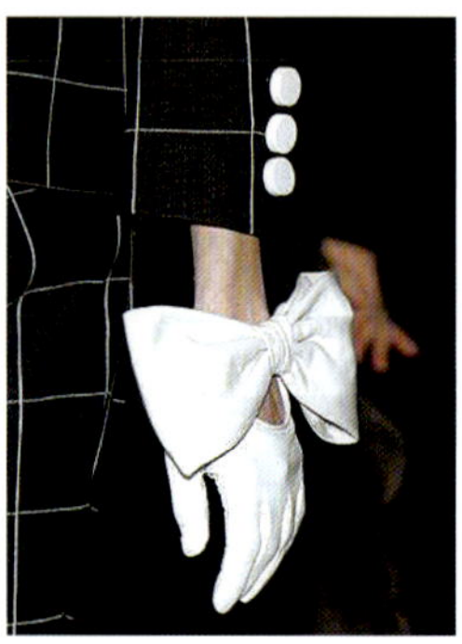

图 2-51 Moschi白色的手套与扣饰设计形成呼应，精致的比例设计恰到好处

四、调和与对比

调和是指相近、相同的因素有机的组合，在造型、色彩、材质等相互关系上呈现较明显的一致性；如相似或相近的色彩配合，造型上线条、结构、形态的相近或相似，材料质地、肌理等都属于调和的形式；对比是相异、相反的因素组合，如色彩中的黑与白的明度对比，红与绿的补色对比，造型上直线与曲线对比，规则形与不规则形的对比，材质中柔软与坚硬、细腻与粗糙对比等等。调和与对比是一对矛盾的统一体，在服饰品设计中要处理好他们的关系。过分的强调调和则缺少变化，过分的强调对比则会走向极端而失去美感。调和可以通过明确各部分之间的主与宾、主与次、支配与从属或等级序列关系达到。（图2-49、图2-50）

五、比例与尺度

比例是部分与部分或部分与整体之间的数量关系。尺度是标准规范，包含体现事物的本质特征和美的规律。美的构成都有适度的比例与尺度，成为形式美法则的重要内容。服饰品设计的比例包含了服饰品构成元素大小、长短、宽窄、厚薄、深浅等比较关系。

尺度是由人对形体进行的相应的“衡量”，是形体及其局部的大小同它本身用途相适应的程度，以及其大小与周围环境特点相适应的程度。在造型设计中，比例与尺度密不可分。（图2-51、图2-52）

第四节　服饰品设计的思维方法

服饰品设计是一种创造性的活动，是艺术和技术结合的产物，它包括思维和物化两个过程，思维方法是艺术创作中最重要的一个环节。

设计是一种思维创意活动。对于服饰品设计而言，重要的不是设计行为而是设计思想。服饰品的设计是一个复杂的思维过程。它以感知、记忆、思考、联想、分析、归纳、演绎等为基础，是以综合性、探索性和创新性为特征的高级心理活动。艺术思维是人类进行艺术生产的思维方式，服饰品设计艺术思维通常包括逻辑思维与形象思维、发散思维与聚合思维、横向思维与纵向思维、逆向思维与正向思维、旁通思维等思维方法。

一、逻辑思维与形象思维

1. 逻辑思维

逻辑思维对于服饰品艺术设计具有重要的意义，它是一种行之有效的理性方法或工具，可以指导服饰品设计的思考以及实践过程。由于服饰品的设计内容会受到某种需要、目的或精神趋向的限制和趋使，例如主题、季节、性别、年龄以及成本、市场等因素的限定，这就需要运用一定的逻辑思维对各类

相关因素进行充分的理论分析，这些分析势必会影响到服饰品的使用功能、工艺制作、形象色彩以及材料的选择。服饰品的设计大致可以涉及人、社会、环境、制造、营销、市场等各方面因素以及因素间的联系。逻辑思维的分析使得服饰品设计目的更为明确和清晰。（图2-53、图2-54）

2. 形象思维

形象思维是认识世界和反映世界的重要思维方式，也是设计艺术主要的思维方式。形象性是其最基本的特点，形象思维始终伴随着形象，是通过“象”来构成思维流程的，其表达的工具和手段是能为感官所感知的图形、图像、图式和形象性的符号。形象思维可以把不可触摸的人类抽象的感情转化为生动直观的艺术形象。形象思维不像逻辑思维那样对信息的加工一步步、首尾相接地、线性地进行，形象思维可以调动许多形象性的材料合成新的形象，它对信息的加工是平行加工，是面性或立体性的，在具体运用中主要有模仿法、想象法、组合法、移植法等方法。（图2-55）

二、发散思维与聚合思维

1. 发散思维

所谓发散思维又称为辐射思维、扩散思维、多向思维或求异思维。就是从已知的或限定的某些因素出发，进行多角度、多方面的思考探索多种解决方案或新途径的思维形式。发散思维是一种开放性的思维方式，没有固定的模式方向和范围。运用发散思维，有意识地变化视角、扩大视线范围，可以摆脱思维定势的束缚，获得新颖的构成形式。因此发散思维是创造性思维的最主要的特点，是测定创造力的主要标志之一。由于发散思维可以克服思维定势突破框架去变化创新，提高发散思维也成为提高创造力的一种重要因素。

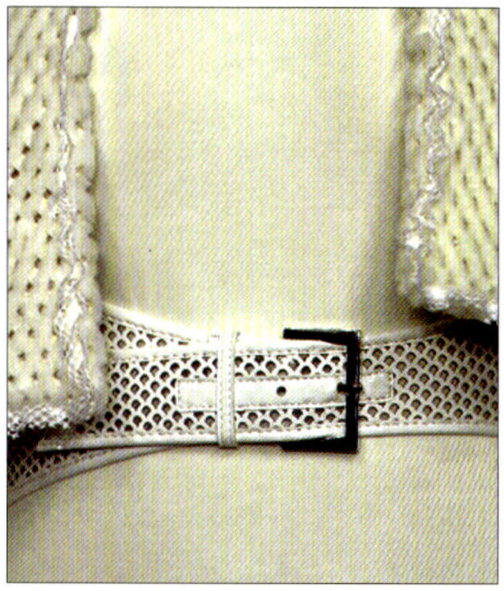

图 2-52 芬迪（Fendi）两端宽、中间窄的“凹”字型腰带，有着完美的曲线和比例，简洁而现代感十足。

图 2-53 蒂凡尼（Tiffany）婴儿礼品豆子（Beans）系列设计，藉由Beans（豆子）象征生命与活力的萌芽意义

图 2-54 卡迪亚（Cartier）熊猫高级珠宝腕表设计（2008年北京奥运会成为珠宝业设计的主题，卡迪亚设计作品富有浓郁的中国元素）

图 2-55 第七届香港珠宝设计比赛作品《流动》，运用“水”变换而富有动感的形态表现流动的设计主题

图 2-56 以蝴蝶结为发散点设计的具有糖果风格的发箍设计

图 2-57 以性感镂空的蕾丝面料作为发散思维的“点”的系列设计：鞋子、眼镜和包袋

在服饰品设计过程中，发散思维的运用常常是通过一个已知的“点”、一个概念去广泛收集素材。运用发散思维的关键在于确定发散点和发散的方向。这个点可以是一幅画、一首诗、一种肌理或一类风格、一种类型、一种功能、一种结构。确定发散方向就是以发散点为中心，从服饰品的形状、结构、色彩、材料、装饰工艺、功能以及数量、大小、比例、层次、等各个方面去多方位设计。系列设计法就是设计师对服饰品某种或某些设计要素运用发散思维进行系列变形，拓展设计要素的表现形式，从而产生同一主题的多种款式的设计手法。（图2-56、图6-57）

2. 聚合思维

聚合思维又称集中思维、收敛思维，发散思维表现特点为“以一趋多”，而聚合思维表现特点为“以多趋一”。聚合思维是对各种创造性设想进行分析、整理，最后再依据价值观进行判断的一种思维方法。因此是直接提供创造性成果的重要的思维方式。聚合思维在深化、充实和完善服饰品设计构思的过程中发挥巨大的作用。一方面需要将所有的相关信息和材料按照构思主体的潜在的审美理想和主题表现的需要，进行聚敛收拢；另一方面，还须调动设计师大脑内部的所有创作经验和潜能进行设计孵化，在不断的补充取舍整合的过程中完成最终的设计构思。聚合思维反映了设计师对设计语言的整体把握能力和资源的整合能力。（图2-58）

三、横向思维与纵向思维

横向思维与纵向思维都属于比较性思维，横向思维（也称水平思维），指截取事物发展中的某一横截面进行相互比较分析，从中获得新的启示。在服饰品的设计过程中，将横向思维

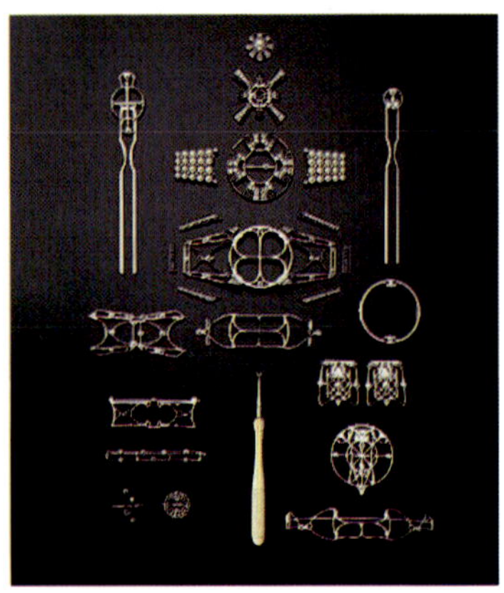

图 2-58 珍藏于日本御木本博物馆著名的精美别致的“矢车”（YAGURUMA）首饰是个多功能的百变饰扣，设计巧夺天工，它可以被分离成12款不同造型的其他首饰，如戒指、发针、胸针等

图 2-59 2009年秋冬重金属首饰设计层出不穷（Louis Vuitton、Lavin 、Yves Saint Laurent品牌的首饰设计都推出重金属材质，体现了横向思维的相似性）

图 2-60 2009夏奈尔（Chanel）高级珠宝设计，从色彩图案上保持了对品牌传统设计风格的继承

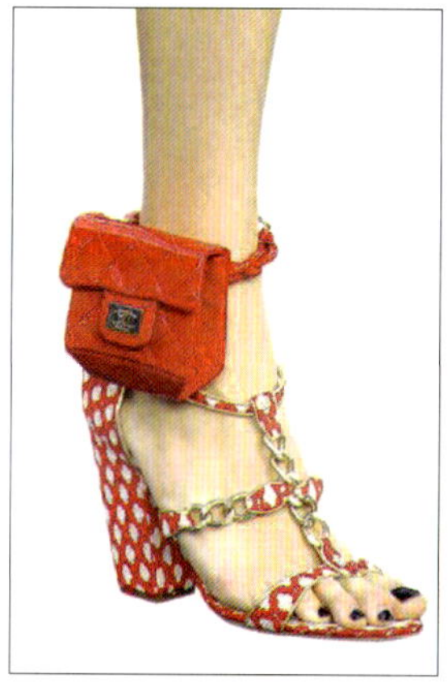

图 2-61 夏奈尔（Chanel）脚踝包设计具有创新的意义，把缩小版的菱形包从手上放到了脚上

图 2-62 艾尔萨·夏帕瑞丽（Elsa Schiaparelli）的鞋帽设计

与纵向思维统一起来可以获得更为全面周到的形式，横向思维使思维的广度大大增加，在服饰品设计中运用得相当广泛。常常表现为以一种服饰品为参照物，横向延伸，选择相似或相近的同类产品作为对象，比较分析优劣以取长补短。（图2-59）

纵向思维又称垂直思维，历史思维，是一种强调因果关系的逻辑性推理思维，运用好纵向思维能帮助设计师从服装文化发展的历史脉络中寻找到一些规律性的东西，以便指导今天的设计，寻找到最合理的设计方案。例如一些著名的服饰品牌在发展过程中，既要保持对该品牌的传统设计风格的继承，又要讲究超前性和前瞻性，在继承固有形式下作出修正和创新，强调推陈出新设计符合时代审美的产品。（图2-60）

四、逆向思维与正向思维

逆向思维是相对正向思维而言的，人们常常把常规的思维方式称为正向思维，逆向思维是超越常规的思维方式之一，它是一种非常规性的思考方法去分析、研究和解决问题。逆向思维常常通过反过来思考问题获得独创性的新颖形式。在服饰品设计具体运用过程中，常常通过改变某一形态在固有习惯上的位置、方向、大小、数量等，以及造型的非常态塑造、服饰品与人的非合理关系、材料的非常规运用等获得意想不到的效果。（图2-61、图2-62）

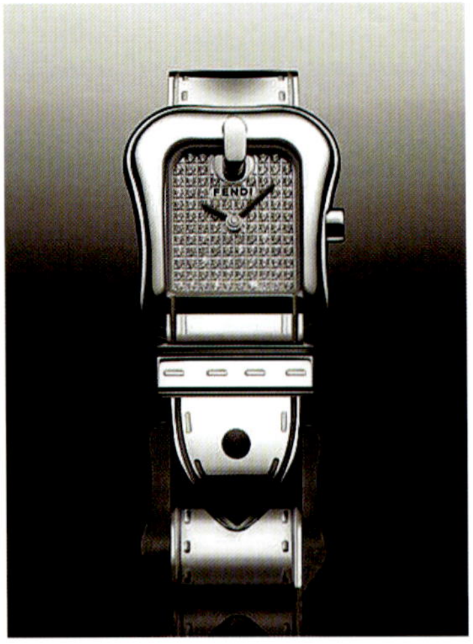

图 2-63 芬迪（FENDI）宝石手表设计（腰带造型被融入表链设计，使手表的整体造型很特别，增加了设计的趣味性）

图 2-64 爱马仕（Hermes）手镯设计（从马嚼子的设计汲取了灵感，光滑闪亮的银与粗糙的马龙头皮革材质组合在一起，加上宽大的镯面，富有强烈而坚定的设计感）

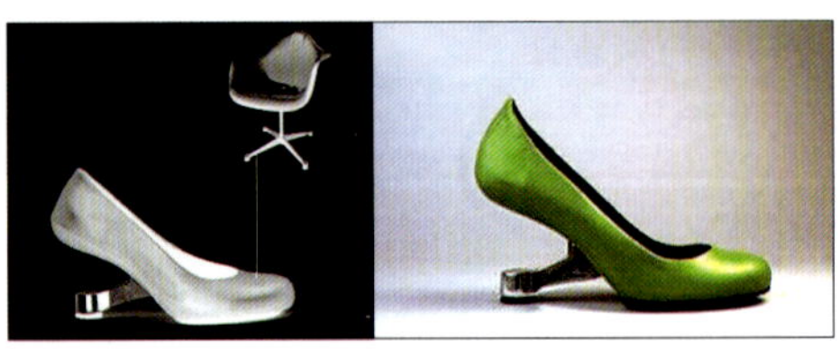

图 2-65 英国品牌（United Nude）在著名建筑师雷姆·库哈斯（Rem Koolhaas）和鞋商Galahad Clark的共同合作下创办，因此血脉里就融合了建筑与时尚的因素，第一款没有鞋跟的United Nude鞋子灵感来源于椅子“Barcelona chair”

五、旁通思维

旁通思维属于创造性思维的一种，它是依据事物之间相互关联性，从其他广泛领域中获得启示和灵感，由此及彼产生新方案、新设计的思维方式。这些领域有与服饰品设计相关的事物，也有不相关的事物。旁通思维突破本领域常有的思维定势，借助系统之外的信息、知识和经验来侧向迂回地解决问题。例如服饰品的造型可以借鉴旁通事物的外形、肌理等形态特征，运用模仿、夸张或者分解打散等合适的设计方法，重新组合起来获得新的形态，仿生设计就是利用动植物的造型、色彩、图案、功能、结构等特点创造设计新的形式。

由于选择作为设计源的事物与服饰品设计之间没有明显的必然的联系，因此如何巧妙地将旁通事物的知识、信息和经验转化为服饰品设计的语言是极其重要的，转化的方法也是非常关键的，这需要广博的知识储备和经验技术，如何使设计得到既自然又合理的理想效果，体现出设计师的智慧。（图2-63~图2-65）

由于服饰学科的综合性和边缘性，服饰品的创意思维并不是一种单一性的思维，而是各种思维形式交叉和协同产生的综合性思维。在服饰品设计过程中，不要仅仅满足于传统的思维方法，还要开拓各种思维渠道，创造新的思维方式，能够使服饰品创作出现新的形象和面貌。

作业：

1. 服饰品设计的基本要素。
2. 服饰品设计的构成法则。
3. 运用服饰品设计的思维方法设计一件服饰品（种类不限），要求：绘制彩色效果图，作品表达透视清晰、结构准确、比例协调，附设计说明。

第三章 帽子

学习目标：

通过本章内容的学习，了解帽子的分类及搭配艺术，掌握帽子的设计方法。

学习重点：

帽子的设计方法。

学习难点：

帽子的设计方法。

夏奈儿曾经说过："帽子是人类文明开始的标志"。帽子属于服饰搭配中十分重要的组成部分。帽子具有非常显著的装饰效果，往往有些人戴和不戴帽子的感觉前后判若两人，选择一顶适合自己的帽子会显得与众不同。帽子对人的外形和服装的整体的影响是最大的，也是最明显和有效果的。

第一节 帽子的分类与搭配

一、帽子的分类

由于帽子有着不同的造型、用途、款式和制作方法，因此分类的方法也多种多样。按不同的内容有不同的分类方法，如按使用目的分有安全帽、棒球帽、旅游帽、风帽、泳帽、遮阳帽、睡帽等；按使用材料分有布帽、呢帽、、草帽、毡帽、皮帽、毛线帽、尼龙帽、竹斗笠、钢帽等；按季节气候分有凉帽、暖帽、风雪帽等；接使用对象分有男帽、女帽、童帽、少数民族帽、情侣帽、水手帽、军帽、警帽、职业帽等；按形态分有瓜皮帽、贝蕾帽、钟形帽、八角帽、盆帽、宽檐帽、鸭舌帽、虎头帽等；按外来译音分有贝蕾帽（Beret）、布列塔尼帽（Breton）、巴拿马草帽（Panama）、哥萨克帽（Cossack）等。在此我们对帽子的造型做一些具体分析，按照帽子的形态特征来分类，并介绍各种帽子的特点、使用材料以及用途等。

1. 圆顶礼帽

圆顶礼帽也称常礼帽，帽顶呈圆形，帽边向上翻卷，帽檐的两侧及后面弯曲度较大，前沿趋于平坦。适合在正式场合使用。（图3-1）

图 3-1

2. 罐罐帽

罐罐帽是一种轻便礼帽，一般帽顶为平顶，帽身上下一样大呈直立状，一般在正式场合使用。（图3-2）

图 3-2

3. 宽檐帽

宽檐帽的装饰色彩较浓，一般用于礼仪或婚礼场合。帽檐上一般用缎带、人造花、蕾丝、纱网、珠子等装饰，十分华美。（图3-3）

图 3-3

4. 豆蔻帽

又称作“花钵帽”，呈碗装，是一种源于土耳其的帽型。没有帽檐。是一种适合于正式社交场合的帽型。（图3-4）

5. 药盒帽

是一种戴在头顶帽身较小较浅的圆形无檐帽型，因形状恰似药盒而得名。通常装饰有刺绣、纱网、羽毛、人造花、金属珠片等，是一种在正式场合中使用的装饰性较强的帽型。纱网装饰显得妩媚朦胧。羽毛装饰则稍带野性的色彩。（图3-5）

6. 钟形帽

钟形帽又称金钟帽，因帽身呈上小下大型像一个挂钟而得名。钟形帽在20世纪20年代最为风行。帽顶较高，帽身的形态方中带圆，窄帽檐且自然下垂。通常选用毡呢、毛料或较厚实的织物制成，有的还装饰一些饰物于帽边上。钟形帽在许多正式场合和日常生活中都可以使用。（图3-6）

7. 贝蕾帽

贝蕾帽在19世纪80年代、第二次世界大战期间、20世纪60—70年代最为流行。这种帽型无帽檐，帽边的宽窄时常有变化。具有柔软精美、潇洒大方的特点。其中绿色贝蕾帽还是美国特种部队所用的制服帽。戴用贝雷帽时，将帽贴近头部，并向一侧倾斜，是一种在正式场合和日常生活中都男女都可以使用的较实用的帽子。（图3-7）

8. 翻折帽

翻折帽有全翻和半翻之分，全翻是指整个帽檐向上翻折，半翻又分前翻、后翻、侧翻等。翻折帽给人以轻松活泼感，是日常生活或旅游时使用的实用帽型。帽檐两边向上翻卷的牛仔帽因在美国西部长期流行，所以也叫“西部帽”，无论男女佩戴这种帽子都具有一种粗犷帅气的野性美。（图3-8、图3-9）

9. 鸭舌帽

鸭舌帽因为帽檐前面伸出的部分形似鸭舌而得名，通常帽身和帽檐的部分运用不同的材质进行对比，是一种男女都可以佩戴的帽型。鸭舌帽的造型较丰富，帽身的分割线变化较多，有平顶鸭舌帽、圆顶鸭舌帽、贝蕾鸭舌帽等，高尔夫帽、棒球帽等均属此帽式。（图3-10、图3-11）

图 3-4

图 3-5

图 3-6

图 3-7

图 3-8

图 3-9

图 3-10

图 3-11

图 3-12

图 3-13

图 3-14

图 3-15

10. 罩帽

罩帽是一种能服贴地罩住头的顶部和后部的一种帽型，分为有檐和无檐两种形式。罩帽是一种欧洲传统女式帽，18世纪曾是妇女们广泛应用的帽式，现在主要作为居家时使用的帽子或儿童帽。（图3-12）

11. 兜帽

又称连颈帽，是一种适合于男女使用的头兜状风帽，一般能遮盖住头部和颈部。兜帽主要有两种形式：一种是独立的兜帽；另一种常与日常生活中的运动、休闲服或风衣、大衣等连于一体成为连帽上衣，兜帽可以通过系带或扣子来调整帽的松紧。（图3-13、图3-14）

图 3-16

12. 头巾帽

又称塔盘帽，是一种源于伊斯兰教的长裹巾的帽型。它是用一条长巾盘绕在头上形成帽型，帽与头部紧贴，头巾缠裹后可以在前部中央用带子扎住，系成花结效果。由于缠裹的形式自由，头巾帽可以塑造出不同的造型和样式来，通常适用于女性。（图3-15、图3-16）

图 3-17

13. 发箍式帽子

发箍式帽子属于半帽，形式多样丰富，从单纯的日常用到适合正式场合的华丽的帽饰，最受年轻人的喜爱。有的是一个花结，有的是一块装饰性的小头巾。装饰花结一般用单色或圆点缎带做成，或者与发箍材料一致的面料做。（图3-17、图3-18）

图 3-18

14. 斗笠

斗笠是一种帽顶较尖，帽底宽的倒锥形帽，无帽檐、帽身之分，通常采用竹料或天然草等编制而成，现代斗笠的形式多样，由于外形较为固定，大都设计体现在帽身上。（图3-19）

二、帽子的搭配艺术

1. 帽子与服装

今天，帽子的品种极多，款式和风格也都在发生着丰富的变化。在现代服装中，帽子与服装的和谐、整体搭配会赋予着装者新的面貌。由于帽子的佩戴部位接近与人的脸部，往往有聚焦视线的效果，帽子对整个服饰具有画龙点睛的作用，一

图 3-19

图 3-20 不同的场合对于帽子的要求也各不相同，把握好帽子的使用场合，是选择佩戴帽子的关键

图 3-21 不同款式的帽子搭配相应风格的服装才显得和谐和完整

图 3-22 从材料方面来说，棉布、薄纱网状纺织物等薄型面料制作的帽子适宜春夏季的服装搭配，而呢毡、毛皮、粗毛线编织的帽子适宜与秋冬季的大衣或棉衣相配

套普通的服装往往因为帽子的加入会变得时髦，因此，选择一顶适宜的帽饰，对于完善整体着装形象有着重要的意义。在服装设计中，帽子作为配饰与服装是一个整体，它们互相联系又互相制约，是局部与整体的关系。帽子必须与服装的造型、风格、色彩、材料、以及穿着场合等因素相协调，才能获得相得益彰的效果。（图3-20~图3-23）

2. 帽子与使用者

帽子除了要与服装的搭配讲究整体性和协调性以外，帽子的选择应用与使用者有着极大的关系。佩戴帽子的重点是要与个人的形象气质相符合，选择不当反而会给个人形象带来负面影响。由于每个人拥有不同的形象和风格特征，因此，使用者的脸型、体型，都是选择帽子的关联因素。

脸型　帽子的选择与佩戴者的脸型有着密切的关系。选择一顶合适的帽子能为平淡的面容增添出人意料的神采。帽子的佩戴方法、位置、角度、深浅足可以改变整体的感觉。帽围的形式和帽檐的宽度以及倾斜的程度等都要均衡。尤其要注意佩戴者脸与帽子体积的比例关系、脸与帽子的线条关系。圆形的脸属于比较丰满的脸型，比较忌讳戴那种将头型包得过紧的小圆帽或钟形帽，会显得脸更圆而帽子小。可以选择一些外轮廓线硬朗明快的帽子，可以使面容略显清秀；选择比较高的帽子可以使脸略长一些；斜斜的戴一顶贝蕾帽或俏皮宽大的鸭舌帽，会显得年轻活泼；方形的脸适宜选择线条柔和的帽形冲淡硬朗的外形，如女性味十足的圆顶钟形帽；长脸的人戴过高的帽子会使长脸愈显其长，选择较宽帽檐的平顶浅帽可以达到视觉的平衡；通常标准的脸型椭圆形脸（瓜子脸）适合佩戴各种款式的帽子，拥有较大的挑选余地。此外，佩戴者面容的肤色与帽子颜色要和谐，肤色黑或白的人选色余地比较大。气色不好的灰黄色皮肤适宜选择饱和度不太高的灰色系列，不适宜戴色彩艳丽的帽子。（图3-24）

图 3-24 毛线帽伸缩能力很强，能够改变面部的轮廓，受到许多人的喜爱

图 3-23 帽子与服装以相同或相近的色相搭配在视觉上容易形成统一协调的感觉，不同的材质可以打破色彩带来的单调感

体型 人的体型总有高矮胖瘦的差异性区别，选择适宜的帽子可以巧妙地调整体型。体型高挑的人戴过小的帽子容易造成头轻脚重的错觉，选择体积大点或者装饰繁缛的帽子可以达到量感上的平衡；个子矮小的人选择样式简单、做工精良的帽子显得很有精神，选择帽子与衣服同色系，可给人修长印象。此外，把握帽子适宜的高度也很重要。恰当的高度会使个子显高一些，而过高则显得滑稽了。（图3-25）

图 3-25 帽子和服装同色系的呼应搭配给人以修长的印象

第二节 帽子的设计

帽子的设计方法多样，主要体现在造型设计、色彩设计、材料设计、装饰设计等几个方面。

一、帽子的造型设计

1. 依据帽子结构变化的造型设计

古今中外，帽子的造型设计千姿百态。帽子是戴在头部的，所以人体头部结构是帽子结构设计的基本依据。基础的帽子造型是以半球形为依据，帽子的结构一般由帽冠、帽檐组成。帽檐以上的部分称为帽冠，帽冠可以分为帽顶和帽墙。帽顶与帽檐之间的部分称为帽墙。帽舌是指在帽子的前部向前突出的帽檐部分。将帽冠、帽顶、帽墙、帽檐的形态加以变化即可以获得新的造型样式。如改变帽顶的造型，可扩大、缩小、倾斜设计甚至取消帽顶，也可增加帽顶的层次；改变帽冠的体积，增加或减弱帽冠内部的空间量等，增高、减弱、倾斜帽墙的高度，增加帽墙的层次和折叠感等。帽檐是整个帽子最有变化、最有创造性的部位，将帽檐进行加宽、变窄、翻卷、切割、折叠、起翘、倾斜、取消等方法进行变化，将构成奇特、新颖、巧妙、大方的视觉效果。（图3-26、图3-27）

图 3-26 改变帽顶的形状帽冠的体积空间可以获得新的造型样式

2. 依据帽子佩戴方式变化的造型设计

和服装相比，帽子的受限部位很少，有利于创造奇特的造型。帽子类别中的巾帽可以通过缠裹方式的改变带来造型上的变化。巾帽由于是用布条在头顶上盘绕而成没有帽檐，所以造型变化都集中在帽冠上。可以任意缠绕成不同形状和体积的造型。（图3-28）

图 3-28 巾帽可以缠绕成不同形状和体积的造型

图 3-27根据帽檐变化设计的各种帽子造型

图 3-29 Philip Treacy和Alexander McQueen为纪念Isabella Blow而联合发布的帽子造型设计

图 3-30 自然界的动植物给帽子设计提供了无限的灵感来源

图 3-31 Philip Treacy灵感来源于中国少数民族的银头饰

3. 依据仿生、借用等方法的造型设计

帽子的造型设计常常突破固有款式的形象，通过利用仿生和借用等方法获得新鲜奇特的造型。自古以来，自然界就是人类各种技术思想、工程原理及重大发明的源泉。种类繁多的自然界给帽子设计提供了无限的灵感来源，一些动植物生动的造型提供了帽子设计的原型，借用的方法是引用其他设计领域物体的造型，打破了人固有的思维模式。（图3-29、图3-30）

姊妹艺术的设计风格同样也给属于造型艺术的帽子设计提供许多灵感。超现实主义风格的帽子造型常常能塑造出奇异、夸张的视觉效果。帽子设计大师菲利普·特莱希（Philip Treacy）精妙绝伦而富有创造力的帽饰设计让人惊叹。他那些源自于土著部落、雕塑、未来主义和水下生物等的灵感，具有雕塑感又富于流动感的造型，使平凡的帽子呈现出艺术品的风貌。（图3-31）

二、帽子的色彩设计

帽子的色彩设计与构成帽体的材料有很大的关系，不同的材质显示出不同的色彩特征和心理感受。此外，帽子的色彩与帽子的装饰工艺有关。例如不同色彩和材质的材料拼接可以增加帽子色彩层次的丰富性，运用蜡染、扎染工艺能带来朴素清新的色彩效果，时尚的吊染工艺可以获得和谐丰富的色彩变化，在针织类的帽子设计中，构成色线的种类和丰富的针法变化可以获得丰富的色彩形式。（图3-32~图3-35）

三、帽子的材料设计

构成帽子的材料主要是纺织物和皮革等材料形式。如毛皮、各种面料、绒线、人造皮革等，还有非纺织品材料如竹、木、麦秸等。装饰性的材料品种更是多样，如各种宝石、珠饰、花饰品、金属、羽毛、花结、绳带等。

不同的材料会使人产生不同的心理感受，皮革、牛仔面料会产生阳刚和力度感，因此常常作为表现男性化或中性化风格的帽子设计中，蕾丝和丝绸具有高贵性感的视觉特征，常常用来设计制作优雅的女性帽子。不同的材料组合还可以突破传统观念，带来多变新颖的风格形式。（图3-36~图3-39）

图 3-32 帽子的色彩设计与服装呼应形成统一协调的感觉

图 3-33 五彩的珠绣工艺增加了帽子色彩的层次变化

图 3-34 色彩艳丽的帽子可以调节整个着装的色彩节奏

图 3-35 帽子的色彩与构成帽子的材质密切相关

图 3-36 不同的材料组合设计可以突破传统观念，带来多变新颖的风格形式

图 3-39 由日本东京著名的发型设计师加茂胜也 （Katsuya Kamo）设计的香奈儿 （Chanel） 2009年春季高级定制秀场上的手工纸花头饰，令人过目不忘

图 3-37 毛线材质的帽子可以带来丰富的肌理形式和温暖的心理感受

图 3-38 简单的款式造型展现了帽子材质的华美的色彩与质地

图 3-40 Prada帽子设计在统一的帽型上运用了不同的装饰手法，塑造除了完全不同的装饰效果

四、帽子的装饰设计

装饰是增加帽子魅力的重要手段之一。别针、花饰品、缎带、蕾丝花边、金属片、纱网、珠片、羽毛、植物、刺绣等丰富的材料形式赋予了帽子多样的风格面貌，人造花在儿童帽子和女帽中运用较广泛；纱网的装饰女帽增添神秘感；羽毛装饰使得帽子显得华丽、柔媚，并带有些野性的色彩；金属片、珠片等闪光性的材料装饰的帽子在灯光下具有变换的色彩和质感，是表演和参加晚宴帽子常用的装饰手段；而花草、松果等天然材料则常常装饰在自然风格的帽子上。此外，装饰物在帽体上有着灵活的装饰部位，如帽体的前部、侧面、后部、帽顶等，装饰部位的变换设计常常能带来耳目一新的感觉。（图3-40~图3-42）

物质上的实用性需求和精神上的象征性需求是帽子形态演变的最主要动因。新材料和新工艺的应用，不同地域、不同政治、不同经济文化的交流对帽子式样的改变有重要的影响。帽子的服饰语言功能随着时代、地域、民族等的变迁，内涵和形式得到不断地丰富和发展。世界各个民族几乎都具有符合自己地域风格特点的帽子形制，也造就了丰富多彩的帽子世界。

图 3-41 金属片、珠片是帽子常用的装饰手段

图 3-42 羽毛装饰使得帽子显得华丽、柔媚，并带有些野性的色彩

第三节　创意帽饰设计

一、创意帽饰设计的意义

帽子作为头部重要的装饰类别常常给佩带者带来直观而新奇的变化，尤其在狂欢节、化妆舞会、赛马会等娱乐性的集会上，女性更喜欢以奇特而有创意的帽子显示自己新颖独特的个性形象，争奇斗艳的帽子常常成为一道靓丽的风景线。创意帽饰已淡化了帽子的实用功能，更多是作为一件艺术品形式，体现了设计师不同的创意理念和主张。由于脱离了实用功能的设计束缚，创意帽饰设计可以较为自由、宽容地表现设计师的设计理念，常常能够满足人们夸张的审美和丰富的想象力的情感心理需求，大胆独特的创意设计甚至给人触目惊心的感受。因此创意性的帽饰设计常常出现在众多的时装发布会上。一些著名的服装品牌也联袂帽饰设计师推出自己的产品。如现在时装界帽饰设计师菲利普・崔西（Philip Treacy）和史蒂芬・琼（Stephen Jone）的作品以其新颖独特的创意给人留下深刻的印象。（图3-43~图3-48）

二、创意帽饰设计

创意帽饰设计是一门视觉艺术，在设计过程中要博取众家之长，多吸取其他艺术门类如工业设计、建筑与环艺设计、服装设计、立体设计的设计特点和方法。各种学科为创意帽饰的设计提供了无尽的灵感，不仅扩展了设计思维，也丰富了帽子设计艺术的多样性。（图3-49~图3-69）

创意帽饰设计常常体现了设计师广博的知识和丰富的视角，富有创意的好作品都是设计师厚积而薄发的结果。因此，在设计创意帽饰的过程中，设计者在掌握专业知识和技能的基础上，还需要拓宽视野，提高艺术修养，同时要注意观察生活，积累实践经验，使设计构思日趋丰富、成熟和完美。

作业：

1. 了解帽子的分类及搭配艺术。
2. 开展帽子市场调研活动，了解掌握帽子设计的特点和方法。
3. 制作创意帽饰设计实物，主题自定。注意创意帽饰设计的造型、选材以及装饰手法。

图 3-43 帽子作为重要的头部设计在各种服装流行趋势发布会及时装表演中，成为表现形象的重要部分

图 3-44 全世界首屈一指的帽子魔术师菲利普・崔西（Philip Treacy）设计的帽饰带有强烈的超现实主义风格

图 3-45 英国国宝级别的“帽神”史蒂芬・琼（Stephen Jone）设计富有创意性的帽子设计

图 3-46 已经有百年历史的英国皇家爱斯科特（Ascot）赛马会，成了英国有名的帽子盛会

图 3-47 渡边淳弥（Junya Watanabe）09春夏女装成衣秀上最令人瞩目的田园花卉头饰是日本头饰造型大师加茂克也（Katsuya Kamo）的杰作

图 3-48 安娜苏（Anna Sui）设计的具有魔幻意味的黑色双鸟形帽子令人过目不忘

图 3-49A 仿生型的创意帽饰设计取材于动植物的外形特点，花卉是最常见的主题

图 3-49B 仿生型的创意帽饰设计取材于动植物的外形特点，花卉是最常见的主题

图 3-50 皮革材质质地柔软，工艺制作方便，便于烫烙、镂刻、粘贴，是创意帽饰常用的材料形式

图 3-51A 串珠是是创意帽饰常用的装饰手法

图 3-51B 串珠是是创意帽饰常用的装饰手法

图 3-52A 古典型的帽饰设计常常吸取了不同国家的传统头饰、精美纹样的灵感

图 3-52B 古典型的帽饰设计常常吸取了不同国家的传统头饰、精美纹样的灵感

图 3-53A 薄纱型的材质和富有张力的创意帽饰设计营造了透明而又朦胧的空间层次

图 3-53B 薄纱型的材质和富有张力的创意帽饰设计营造了透明而又朦胧的空间层次

图 3-54A 羽毛也是创意帽饰设计常用的装饰形式

图 3-54B 羽毛也是创意帽饰设计常用的装饰形式

图 3-55 材料是构成创意帽饰设计的主体，塑料、木头、陶土、皮革、纺织品等不同质感的材料运用常常能带来新的视觉效果

图 3-56A 创意帽饰设计往往注重帽饰的造型设计，不落俗套的造型是吸引人眼球的第一要素

图 3-56B 创意帽饰设计往往注重帽饰的造型设计，不落俗套的造型是吸引人眼球的第一要素

图 3-57A 吸取服装设计的一些装饰工艺如拼接、绗缝等手法也是拓展创意帽饰设计的好的方法

图 3-57B 吸取服装设计的一些装饰工艺如拼接、绗缝等手法也是拓展创意帽饰设计的好的方法

第四章　包袋设计

学习目标：

通过本章内容的学习，了解包袋的实用性和审美性、包袋的种类和选择，掌握包袋设计的方法以及包袋与服装搭配的艺术。

学习重点：

包袋设计的方法。

学习难点：

包袋设计的方法。

图 4-1 世界著名的箱包品牌路易·威登（Louis Vuitton）的设计体现了美感和实用价值的综合因素

第一节　概述

一、包袋的实用性与审美性

包袋的产生是以实用为主要目的，它主要解决人们收集、携带、保存物品的需要。中国古代汉字的包的形状就像一个口袋，验证了包的实用功能的重要性。从最早的包袱、背袋、佩囊、褡裢、荷包到现在常用的手提包、公文包、书包、钱包等，包袋艺术已形成一个专门的体系。在人类社会的历史发展和变迁中，包的产生和演变不仅与服装的变化有关，而且更与科学技术的发展、人们生活方式的变化有关。随着材料的不断扩充和加工技术的不断改进和完善，包袋设计也更为美观和实用。包袋的功能也从单一的实用性发展到与装饰性相结合，成为现代人们重要的配饰单品。

随着科学技术水平的发展和人们生活水平的提高，包袋的品种形式也越来越丰富和完善。尤其是女式的包袋从品种、造型、款式到材料、色彩、工艺都比男式包要丰富的多。现代女性几乎人人都拥有几种不同风格、款式的包袋。人们根据不同的用途来选择不同功能的包袋形式。如外出旅行的包袋更注重便携性、大容量、牢固、防水等功能的设计，参加生日聚会的包袋主要放手机、钱包、香水等小物品，装饰审美的功能要大于实用的功能设计。世界著名品牌的包袋以其材质优良、工艺考究、装饰美观、讲究信誉等优点受到许多人的喜爱，尽管价格昂贵也趋之若鹜。（图4-1）

二、包袋的种类与选择

包袋的款式和种类很多，根据不同的种类和功能，分类的方法也不同。包袋设计往往要同包袋的具体用途联系起来，因为包袋的用途决定包袋的造型、大小、材料、装饰等元素，这些元素在具体运用中有着不同的侧重。

1. 男士用包

公文包：公文包通常为男士工作时携带的一种包型，公文包的造型简洁大方，无论是包体的外轮廓线还是表面的分割线，多为较为理性的直线型，一般有正方形、长方形等。质地

图 4-2 公文包造型简洁、方正多以直线为外轮廓线，使用性大于装饰性

坚实挺括，表面一般无多余的装饰。公文包的设计更注重实用功能设计，内层较多具有收纳功能，并附有明显的功能分区设计，用来专门存放文件、公文信笺、手机、便纸签、计算器、名片、笔等。公文包的色彩一般以暗雅为主，易与严肃正式的职业服装相配，形制主要有手提式、挎肩式和夹带式等。（图4-2）

手包：男士手包外形简洁，做工精细。体积较小，但内有多个小袋和夹层设计，可放手机、信用卡、身份证、钱币等，极具实用性。一般采用柔软的牛皮材质具有良好的手感。时尚又实用的手包能够提升男士的品位、身份和形象。（图4-3）

钱夹：用来装零钱、名片、信用卡等物品的小包。造型多为长方形、正方形等。内部有功能分明的夹层，制作的材料多为皮革。也有牛仔、斜纹布等较厚的材料。

2. 女士用包

休闲包：为日常生活或郊游外出时携带。休闲包顺应时尚的变化，造型多样，包袋的体积较大，制作材料的种类也很丰富。多用各种色布、花布，斜纹帆布、牛仔、草藤、麻、皮等面料。一般与休闲便装搭配。（图4-4）

时装包：女士访客、逛街、上班时用包。时装包强调时尚性，包的造型、结构、图案、色彩、材料、肌理、装饰工艺等顺应时尚的变换。对于包带、包扣、标志、以及附件的设计也十分讲究细致。（图4-5）

腰包：固定在腰间而得名的包，腰包的作用是放一些贵重的小物品，如信用卡、现金、手机等。一般体积不大，常用皮革、印花牛仔面料等材料制作，是外出旅游时方便又实用的包。（图4-6）

宴会包：宴会包是一种装饰性很强的包型，一般为女性出席晚宴、酒会等正式的社交场合携带的包，所以这种包型的装饰性大于实用性。造型薄而小巧。包体通常用人造珠、水钻、金属片、刺绣图案、蕾丝花边、人造花等装饰。（图4-7）

图 4-3 男士手包与钱包

图 4-4 沙滩休闲包

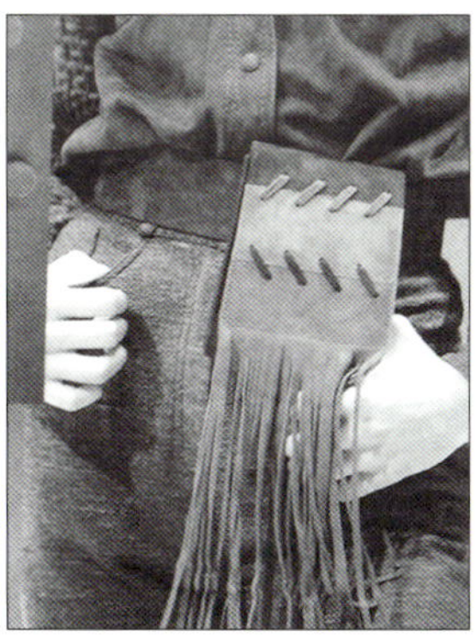

图 4-6 腰包体积较小形式较多

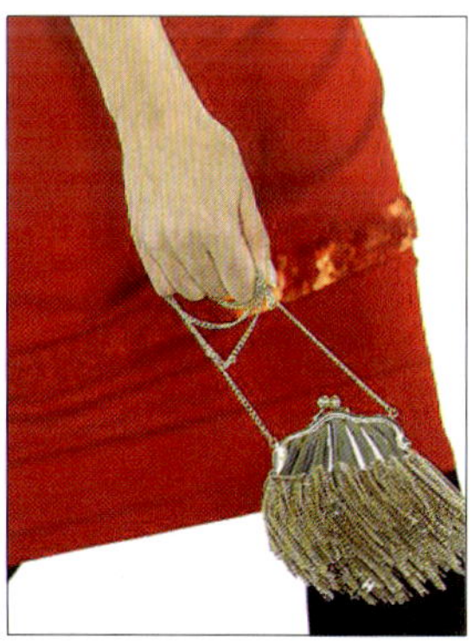

图 4-7 宴会包的包体不大，装饰性大于实用性、表面装饰丰富，华丽富贵

图 4-5 时装包强调时尚性，包的造型、结构、图案、色彩、材料、肌理、装饰工艺等十分讲究细致

图 4-8 形质各异的皮夹

图 4-9 专为儿童设计的Trunki儿童箱包不仅外形可爱，并以其鲜艳的色彩和不易碰伤的圆角设计深得儿童的喜爱

图 4-10 儿童卡通旅行箱系列

图 4-11 汽车型旅行包

图 4-12 野餐旅游包

包中包：属于“包中包”的指钱包、钥匙包、手机包以及化妆包等包型。女士的钱包在色彩和图案设计上具有明显的性别特点。一些厂家常常推出的包袋系列设计，既有设计的连贯性又能带动销售。手机包的装饰意味更浓，从图案色彩到装饰工艺和风格都丰富多样。化妆包是女士专用于存放化妆品的包。常使用装饰性强的印花布、塔夫绸等面料制作，并用花边、缎带、珠子等装饰，内有功能分明的专用格档分区放置不同的物品。（图4-8）

3. 儿童用包

儿童用包的设计在造型、图案和色彩上符合儿童的生理和心理特点。在功能设计上也需符合儿童的身体特点而更加科学和人性化。（图4-9、图4-10）

4. 旅游包

旅游包的设计注重实用功能设计，一般体积较大，但包的自重轻。材料结实耐用、防水，旅游包的设计符合人体特点非常人性化，有功能分明的口袋设计，分有手提式和双肩式。（图4-11、图4-12）

除了旅游包外，还有其他实用意义很强的包，如电脑包、相机包等。

第二节　包袋的设计

一、包袋的设计方法

包袋设计是一种创造性的活动，同样包括思维与物化两个过程。在包袋设计的过程中，我们常常运用下列几种设计方法：

1. 变更设计法

包袋类的变更设计法是指变换现有形态中的一项或多项构成内容，形成一种新的结果。变更设计法采用的手段非常简便，如果处理得当会带来令人称奇的效果。变更设计法在包袋的设计中可以对其形体、材料、配件、工艺特色进行变换，从而使包袋的形状大小、款式风格发生变化。其中形体变化设计法是对包体和部件作出形状、线条、结构、比例等的变化，往往采用压缩、拉伸、割补、加减、倒置、互换转移等方法。也是初学者常用到的设计方法。（图4-13、图4-14）

2. 仿生设计法

仿生设计是包袋类设计中运用的重要表现形式之一。德国著名设计大师路易吉·科拉尼曾说：“设计的基础应来自诞生于大自然的生命所呈现的真理之中”。大自然给人类提供了无尽的灵感来源。仿生设计是对自然生态系统的物体形态进行直接模仿或联想，运用概括和典型化的手法，对这些形态进行升华和艺术性加工的设计方法。具象形态具有很好的情趣性、可爱性、有机性、亲和性、自然性，消费者普遍乐于接受。仿生设计在设计过程中主要以造型上和材质上的

图 4-13 古琦（Gucci）包袋设计（同形异构是利用同一种包袋的外廓形，进行多种的内部线条分割，这种方法被俗称为包袋结构中的 “篮球、排球和足球”式处理方法）

图 4-14 爱马仕（hermes）旅行袋设计（压缩拉伸法是旅游包袋设计中常用的设计方法，通过对形体的压缩或拉伸并能调整成新的形体）

图 4-15 造型、色彩或图案的仿生设计（力求最大限度地真实记录和描绘生活中鲜明实在的形象，设计风格生动活泼，直观明朗，富有亲和力）

图 4-16 由意大利品牌Anteprima跟HELLO KITTY日本公司合作，推出的限量版手袋HELLO KITTY Wirebag，造型可爱、有趣

图 4-17 多层次褶皱、透明感的网纹、华丽的蕾丝等细节设计体现了对中世纪哥特主义风格的复古情结

仿生两种形式来体现。一些仿珍稀动物皮革的材质常常用于包袋的设计。（图4-15、图4-16）

3. 复古设计法

复古是怀旧情结的显露。复古设计法是指包袋设计参照不同国家、不同时期的一些服饰、装饰的样式，吸取和运用传统包袋的风格、图案纹样和装饰细节进行包款的装饰设计方法。复古设计法在材料上多选用一些蕾丝、丝绒、宝石、钻饰等复古材料，在工艺的运用上也常采用刺绣、绗缝等传统的工艺方法，使包袋体现出一种古典韵味。（图4-17）

4. 主题设计法

包袋设计的主题是指包袋所欲表达的主题事物，主题既是包袋设计的依据，又是包袋设计的方向。设计主题可以是具象的事物，如海洋主题、花卉主题、建筑主题，也可以是一种艺术现象、一次体育盛事、一种风格、一件政治事件、一次旅行......并在具体运用中，往往通过利用款式的特征、面料的肌理、色彩的配置及配件、图案的处理等加以体现这些主题。（图4-18）

图 4-18 夏奈尔（chanel以俄罗斯为主题的高级手袋设计，无论是造型、图案、装饰风格都凸显了典型的俄罗斯民族特色）

图 4-19 芬迪（FENDI）包袋材质系列化设计（材质系列化有两种方式，一种用不同材料设计相同结构的包袋，另一种是相同材料设计不同结构的包袋）

图 4-20 古琦（Gucci）包袋部件系列化设计（部件系列化设计是对一个或多个有统一特色的部件（如金属配件、缎带、花饰品）的造型、组合工艺的变形）

图 4-21 芬迪（FENDI）包袋色彩系列化设计（对于结构相同的包袋，在色彩设计上会配以不同的色彩来满足不同的消费者）

5. 系列设计法

系列设计法是设计师对包袋某些设计要素运用发散思维进行系列变形，拓展设计要素的表现形式，从而产生同一主题的多种款式的设计手法。系列化设计常常在商标、造型、图案和文字等方面采取共同性的设计，形成和谐的整体感和易识别的特点，系列化设计也因此成为现代产品设计的主流化的趋势。系列设计法在包袋设计中的应用规律主要有色彩系列化、材质系列化、部件系列化三种类型。（图4-19～图4-21）

6. 反向设计法

反向设计法是逆向思维的一种表现。在包袋设计中体现为将包袋原来的形态、形状放在相反的位置上思考。换一种角度思考的反向设计法往往可以带来新的造型。在具体设计中，包括对包袋造型位置前后、上下、左右、正斜的反向，包袋用途的反向，原料和工艺的反向。工艺的反向包括工艺的简与繁的反向、隐藏与外露的反向等等。将工艺进行反向处理往往会出现意想不到的效果。（图4-22）

7. 联想设计法

联想设计法是从宇宙间众多的物象景观中激发设计灵感，运用丰富的想象力和创造思维，通过联想、转换、重组、物化等艺术手法进行设计的方法。想象和联想思维在艺术创作思维中是不可缺少的重要成分。联想是人的头脑中记忆和想象联系的纽带，联想与想象是记忆的提炼、升华、扩展和创造，而不是简单的再现。只有发挥艺术创作的想象能力，才能不断地设计创作出新的作品。

联想有依据具体形象进行直接的、相关的联想形式，也有概念相近的或多种元素组合起来进行联想的形式，有的甚至是看似毫不相干的几个因素通过中间因素的转折达到联想的目的，事实上它们之间可能存在着某种内在的联系。（图4-23~图4-25）

图 4-22 菱形格纹和金属羊皮包链是夏奈尔（chanel）2.55包袋经典的细节装饰，运用反向设计法改变了包链的位置，使得传统的2.55包袋变成竖版的样式

图 4-23 受到折纸造型的影响，包身的金属放射线装饰融入了建筑风格的前卫，而鸵鸟皮革折叠角度的变化呼应了这一扩散视觉

图 4-24 折纸元素被运用到皮具造型设计中，规律的对称折叠，黑色加粗的边缘线条，强调了皮包表面独特的几何立体感

图 4-25 依据玫瑰花朵具象形象联想设计的手袋系列

图 4-26 包袋夸张的线条与轮廓充满了建筑感的气息

图 4-27 夸张可以是宽大的，也可以是缩小的

图 4-28 匈牙利时尚品牌朱迪思·雷伯（Judith Leiber）手袋造型设计新颖而别出心裁

图 4-29 包袋造型越是简单，背景越是单纯，包袋的视知觉越明确、越清晰

8. 夸张设计法

夸张是一般中求新奇变化，借助想象对对象的特点和个性中美的方面进行夸大，赋予人们一种新奇与变化的情趣。包袋的夸张设计法是对其整体规格或部件规格等因素的改变。这种夸张可以是宽大的，也可以是缩小的。夸张手法的运用，为包袋产品的艺术美注入了浓郁的感情色彩，使产品的特性鲜明、突出、动人。（图4–26、图4–27）

在包袋设计的具体过程中，设计方法是多层次和多角度的，是交叉性和综合性的，是从宏观到微观系统的设计工程，是包袋各个要素之间的相互关联，相互衔接和相辅相成的整体性设计。时尚的潮流变换无常，设计求新、求异、张扬个性的包袋产品形式必须在传统的设计方法中寻求突破，积极寻求新的设计语言和表达方式。

二、包袋设计的要素

1. 造型

包袋的造型以清晰的廓形给人以强烈的印象，因此造型元素常常成为包袋创新设计首要考虑的元素。方形、长方形通常为包袋的基本形，在此基础上夸张、延伸展开的造型有圆形、方圆结合形、不规则几何形、弧形、半圆形、扇形等。几何造型的包袋多给人规矩理性的心理感受，具象形的造型则增添了许多感性趣味。（图4–28~图4–31）

图 4-30 与服装同质的灰色格纹面料的板正手提包造型，醒目的红色漆皮包边强调出信封样式

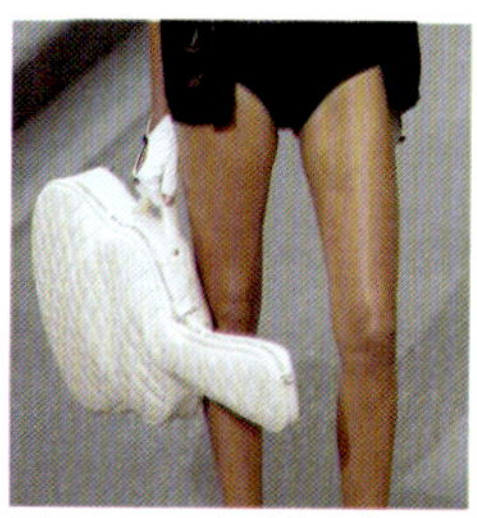

图 4-31 具象形的包袋造型增添了许多感性趣味

2. 图案

图案设计是丰富包袋内容和显现包袋风格的主要元素。包袋图案设计包括具象图案和抽象图案。具象图案有植物花卉纹样、动物昆虫纹样、鸟禽走兽纹样、水族纹样、人物纹样、器具纹样等；抽象图案包括格子纹样、条纹纹样、点状纹样、肌理纹样等。此外还包括中外传统图案、流行图案、文字图案、卡通图案等形式。（图4-32~图4-35）

图 4-32 意大利著名设计师Alviero Martini以自己名字命名的马提尼（ALVIERO MARTINI）箱包品牌，以独特的古地图图案在欧洲风靡一时，数十载经久不衰

图 4-33 Jimmy Choo与艺术家Richard Phillips合作设计以60及70年代时装杂志为灵感创作的特大的风格化头像系列手袋

3. 色彩

色彩要素是包袋设计中最强烈、最具量感的一个要素。包袋的色彩设计必须具体到材料上进行色彩构思和创造。不同材料的色彩具有不同的情感特征，通过对材料的认识、选择和利用来表达材质中的独特美感和色彩魅力。（图4-36~图4-38）

4. 材料

包袋面料是材料设计的主体材料，不同面料所体现的视觉效果和手感是不一样的，材质的性能直接影响到包袋色彩、造型的表现。如硬皮材质利于表现公文包类的直线形的包型，软质材料可以折叠、皱褶具有良好的手感。麦秸干玉米皮片等植物纤维编结的包袋具有自然的色彩和柔韧性，此外，不同性能材质的组合、拼接可以达到特殊的效果。（图4-39~图4-41）

图 4-34 路易威登（Louis Vuitton）包袋的图案设计是字母“LV”的组合设计，不仅成为品牌的LOGO标志，还为品牌起到宣传的作用

图 4-35 童心幽默的马克·雅可布 （Marc Jacobs）创作的副线品牌马克·雅可布之马克（Marc by Marc Jacobs）“马克丑娃”手袋成为年轻一代心目中的第一品牌

5. 装饰

装饰的运用是包袋设计中表现风格的最重要手段。通过包袋的表面装饰设计可以直观改变包袋的外观效果。包袋的装饰主要包括平面装饰和立体装饰。平面装饰主要有：拼接、镂空、绲边、刺绣、手绘、扎染和蜡染、编结、绗缝等；立体装饰主要有：镶嵌（珠子、水钻、铆钉、金属片等）、编结、褶皱、立体盘花、悬缀饰物等手法。（图4-42~图4-45）

此外，包袋的背带、扣袢、接口、拉锁、挂饰等细节也成为设计的关注点，精致的细节设计可以成为设计的趣味中心，也具有打动人心的魅力。（图4-46、图4-47）

6. 功能

包袋的产生之初就是具有解决人们收集、携带、保存物品的实用价值，也正是这些实用功能成为包袋具有使用价值的基础。随着科技水平的发展和人们生活水平的提高，消费者对包袋设计赋予更多的功能需求，人们已不能仅仅满足包袋设计适用性、安全性等物质功能，更注重包袋设计从外观形态、色彩、装饰、人机舒适性等方面体现出来的精神功能，精神功能给消费者更多带来的是生理和心理上的满足，也是科学化和人性化的设计体现。（图4-48、图4-49）

图 4-36 芬迪（FENDI）渐变色包袋设计具有柔和细腻的美感特征

图 4-37 范思哲（Versace）包袋材料传达了不同的色彩质感特征

图 4-38 季节也是影响包袋色彩设计的一个因素（暖色调的包袋在严冬的季节能调节寒冷的气氛，给人一种温暖的感觉）

图 4-39 夏奈尔（Chanel）透明包设计（造型简单且硬朗，透明的材质衬托显示出包内彩色鲜艳的“第二只包”，给人以精致剔透的感觉）

图 4-40 构成包袋的材质元素直接影响到包袋色彩、造型的表现

图 4-41 让・保罗・高缇耶（Jean Paul Gaultier简洁手包由小方块组合而成的面料既特别又实用，因为它比较柔软而容易造型，非常适合拿在手上）

图 4-42 宝缇嘉（Bottega Veneta）包袋编织体现出细微复杂的精巧工艺，营造出柔软舒适的质感

图 4-43 伊夫圣罗兰（YSL）手包镶嵌的镶金色拉链的荷叶边装饰，增添了包袋的体积感与层次感

图 4-44 拼接是一种普遍有效的装饰手法，包袋的拼接装饰有两种形式，一种是用面料拼接做包面，另一种是局部拼接图案

图 4-45 缪缪（Miu Miu）2009秋冬金属片、金属钉装饰的包袋

图 4-78 英国Trunki儿童箱包（设计非常人性化，它只有1.7公斤的自重，采用的为绿色环保材质，不易碰伤的圆角设计，更有不用担心夹到孩子手指的橡胶拉链设计，除此之外，还具有箱包和玩具的双重功能）

图 4-46 朱迪思・雷伯 （Judith Leiber） 手袋的蛇形扣环成为设计的趣味中心

图 4-47 巴布丽（BURBERRY）手袋设计在延续了经典的格纹之外赋予装饰的细节设计

图 4-49 多功能旅行包设计具有巨大的收纳功能和清晰的功能分区，折叠起来还可以是坐下来板凳

第三节 包袋与服装的搭配艺术

图 4-50 包袋设计与服装设计相辅相成，相互作用，形成既相互独立又相互依存的关系

包袋的艺术价值与服装是分不开的。包袋与服装属于一个整体的两个部分，在服装搭配中包袋作为点缀与陪衬，它可以分割服装的空间，在款式造型、图案色彩、面料质地上与服装相互呼应，体现了整体的设计思路。包袋设计与服装设计相辅相成，相互作用。包袋设计采用与服装面料相同的图案设计可以获得整体的视觉感；新颖造型的包袋搭配常常能使平淡的服装形制产生新奇的感受；活跃的包袋色彩设计可以调整服装的色彩节奏使之富于变化，单纯含蓄的包袋色彩则可以使得色彩的节奏缓和具有平衡感；不同材料构成的包袋设计与服装面料的对比可以带来材质上的互补。包袋与服装形成既相互独立又相互依存的关系。（图4-50、图4-51）

一、包袋与服装的对比

相对于服装设计来说，包袋设计无论是从造型、色彩还是结构设计方面都要显得灵活和自由。包袋设计由于没有人体结构的束缚限制而更加自由和宽泛。服装整体与包袋局部之间的层次起伏效果构成对比。例如色彩上服装和包袋之间出现冷与暖、鲜与晦和明与暗的视觉效果，形成色彩的起伏和跳跃，产生较强的视觉效果，形成明朗、强烈、清晰的使用特征；在造型上运用点、线、面的变化也能达到丰富与简单等相互对比的美感等等。（图4-52~图4-55）

图 4-51 在服装搭配中包袋作为点缀与陪衬，在款式造型、图案色彩、面料质地上与服装相互呼应，体现了整体的设计思路

图 4-52 包袋与服装冷与暖、鲜与晦和明与暗色彩的视觉效果对比

图 4-53 包袋与服装色彩互为补色的对比产生较强的视觉效果

图 4-54 不同材料构成的包袋设计与服装面料的对比可以带来材质上的互补

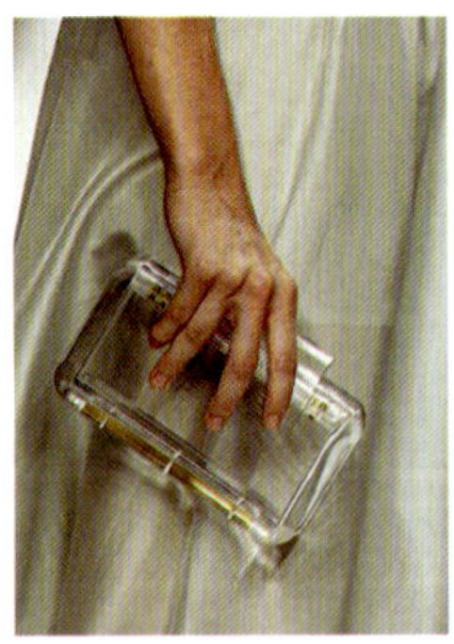
图 4-55 包袋与服装相同色彩不同材质的构成对比

图 4-56 华伦天奴（Valention）晚宴包，与长裙同色同料的多层荷叶边设计既统一又富于变化

二、包袋与服装的统一

包袋与服装之间的"同一性"是产生美感的表现手法之一。"同一性"主要表现在色彩或材料上的共性或某些部位之间的相互关联。它使物与物之间有区别又相近，处于你中有我，我中有你的表现之中，形成和谐统一的视觉效果。（图4–56~图4–59）

三、包袋与服装的互补

包袋在服装中起到点缀与衬托的作用。为了达到宾主分明、层次丰富的设计效果，包袋的灵活搭配可以与服装形成造型、色彩、肌理方面的互补。互补的的搭配常常能使平淡的服装形制产生新奇的感受；这也是包袋作为服饰品的魅力所在。（图4–60~图4–63）

包袋是极具流行性和时间性的产品，它随着不同的服装风格、不同的着装场合发生变化。今天的消费者也对包袋在整体服饰中的效果日益重视，几乎每个人都拥有若干个款式、功能不同的包袋。包袋较长的使用周期和实用价值使得一些国际各大奢侈品牌加大对包类产品的开发力度。包袋设计作为服饰设计的一个分支，也为服装产业的发展起着重要的推动作用。

作业:

1. 包袋设计的要素。
2. 市场调研包袋品牌的设计现状，了解包袋设计的方法。
3. 设计一款时尚女士手袋，要求制作成实物，美观、实用。

图 4–57 包袋与服装图案的统一

图 4–58 包袋与服装设计手法的统一

图 4–59 包袋、手套与服装色调的"同一性"形成统一和谐的美感

图 4–60 色彩上的互补，暖色的包袋缓冲了服装大面积黑色带来的沉重感，明度和冷暖的互补带来视觉的平衡

图 4–61 材质上的互补，相同的色彩因为不同的材料构成显示出层次的丰富

图 4–62 包袋与服装在大小、线条、造型上的互补

图 4–63 包袋与服装繁复与简单的互补

第五章　首饰

学习目标：

通过本章内容的学习，了解首饰的概念与分类，掌握首饰设计与表现的方法以及首饰的佩戴艺术。

学习重点：

首饰的设计与表现。

学习难点：

首饰的设计与表现。

Christian Dior的首席珠宝设计师Victoire曾说过“对于女性，珠宝犹如她们身体的一部分。每件穿戴在女士身上的首饰，正好映衬出她的个性。”

第一节　首饰概述

一、首饰的概念

首饰是指用于头、颈、手、胸上的饰品。包括项链（项圈）、胸针（胸坠）、耳环（耳坠）、手镯（手链、）脚链、戒指、臂饰等在内的统称。与其他服饰品相比，首饰是体积最小但表现力最强的配饰。首饰成为人们既可以是表达感情的信物，又可以作为传代保值的宝贝。首饰所表现的内容题材极其广泛，从重要人物肖像，结婚生日重大事件纪念，到卡通宠物，花鸟虫鱼，字母标志……有的贴身佩戴的首饰常被当作护身符具有避邪的作用，项链、耳饰和戒指对大多数人来说则具有纪念的意义。首饰因其自身的特性而成为服饰品中重要的组成部分，尤其是人们越来越喜欢有趣的、个人化的首饰作品，为流行领域设计珠宝也成为珠宝界不断壮大的一个分支。（图5–1）

图 5-1

二、首饰的分类

首饰有着不同的分类方法：根据首饰的用途，可分为实用性首饰、艺术性首饰、纪念性首饰、传统性首饰和寓意性首饰等。

1. 实用性首饰

指具有实用价值的首饰，如用来系结衣物的别针、纽扣、领带夹、带环，用于束发的发卡、发带、发结、发簪等；

2. 艺术性首饰

指艺术价值和审美价值占主导地位的首饰，其主要作用是供人欣赏和收藏。一般出自名家之手或专为大型评奖、展览、流行款式发布会所设计；

3. 纪念性首饰

对某些事件或某个人表示纪念的首饰，如订婚戒指、结婚戒指、金婚戒指等；

4.传统性首饰

着重体现文化内涵及与他人相互关系的首饰，如表示某一历史时期的造型特色，标志本民族、本教派、本家族的特征等；

5. 寓意性首饰

具有某种精神寄托性的首饰。它主要通过两种方式来表现，如“心”型或“爱”字型首饰象征自己对爱情的真诚；另一种方式是赋予首饰材料某种含义，如生辰石就用来表示人们的生辰月份，表达各种美好象征；

如果根据人体的装饰部位分类可以将首饰分为头饰、颈饰、臂饰、手饰、脚饰、鼻饰、胸饰、耳饰、腰饰等。

头饰——簪、钗、梳、蓖头花、发卡、步摇、插花等；

颈饰——项链，项圈等；

臂饰——臂钏、手镯、手链、手环等；

手饰——戒指等；

脚饰——脚钏、脚链、脚铃、脚花等；

鼻饰——鼻环、鼻钮、鼻贴、鼻栓等；

胸饰——胸花、胸针、别针等；

耳饰——耳环、耳坠、耳铛等；

腰饰——腰带、腰坠、带扣、带钩等；

还有根据佩戴者的性别，可分为女性首饰和男性首饰等分类方法。

图 5-2 蒂凡尼（Tiffany）椭圆形指环设计，几何形是抽象形态的常用形式，具有明快、单纯、规整、秩序的特点

图 5-3 不呆板的设计形态是把动感融入到一件作品中的好方法，天美时（Temix）戒指运用粗细不同的圆圈让戒面变得富于变化的动感

图 5-4 第七届香港珠宝设计比赛作品：太极耳环（耳环中间的部分可以转动，首饰设计属于三维空间的学科，三维空间物体能够表现丰富的变化以及视觉和触觉的不同感受，对其任意角度的研究，都能给人带来惊奇和令人激动的变化）

图 5-5 中国古代蟹形发饰设计（形态的设计不要害怕触碰极限的东西，最令人惊喜和愉快的结果常常来自于对边缘事物的大胆尝试）

第二节 首饰设计与表现

一、首饰设计要素

1. 形态

首饰设计的形态尤为重要，因为形态传达了一件作品绝大部分的最初的视觉冲击力。选择得当的形态可以能够以微妙而显著的方式去改变一件首饰作品的语言。形态要素通常包括形（由点、线、面、体构成）、色、肌理以及空间等。由于首饰设计是属于三维空间的学科，首饰产品设计的形态属于人工形态的性质，人工形态根据造型特征可分为具象形态与抽象形态。具象形态是依照客观物象的本来面貌构造的写实，其形态与实际形态相近，反映物象的细节真实和典型性的本质真实，具有现实性、直观性的特点；抽象形态不直接模仿显示，是根据原形的概念及意义而创造的观念符号，使人无法直接辩清原始的形象及意义，它是以纯粹的几何观念提升的客观意义的形态。几何形是抽象形态的常用形式，具有明快、单纯、规整、秩序等特点，如圆形可以表现无限的循环，三角形比较坚固有中心，这种形状因拥有顶点又具有方向性。（图5-2~图5-6）

2. 色彩

人类是视觉敏感的动物，色彩是刺激我们人类感官的非常重要的元素。在各种首饰作品设计中，色彩是一种非常有用的方式，色彩成为作品吸引人注意力最迅速、最有效的方式之

图 5-6 仿生设计是首饰设计中经常运用到的设计手法

图 5-7 Dior首席珠宝设计师维克多·卡斯特兰（Victoire de Castellane）设计的“珠宝花园”设计系列之一——戒指设计，设计师赋予珠宝作品夸张、缤纷、新奇、妩媚的色彩形式

图 5-8 第七届香港珠宝设计比赛作品：耳环设计（设计灵感来源于中国的舞狮，寓意着快乐和活力，狮身部分使用色彩缤纷的水晶设计代表香港五光十色、闪烁缤纷的景色）

图 5-9 卡地亚（Cartier）“祝福中国”之太极如意系列设计（简洁的造型设计，将无穷的宇宙纳入一块状似如意的吊坠中，天圆地方的几何图案，以黑色蓝宝石与白色钻石诠释阴阳交融的和谐境界）

图 5-11 华伦天奴（Valentino）的腕饰花朵设计（金属的花瓣造型经过了精致复杂的雕刻和镶嵌工艺。在实践中了解材料并发展表现技术，好的设计和手工技术可以影响材料的固有价值）

图 5-12 卡地亚（Cartier）三环戒指（三个金环相互环绕在一起象征着：友谊　（白金）、忠诚　（黄金）和爱情（玫瑰金），三种材质也成为卡地亚的灵感泉源和品牌标记。选择钻石、铂金、黄金、等贵重材料的首饰成为订婚或结婚等时经常会购买的产品，贵重首饰常被看作是一种投资，设计也常常更经典）

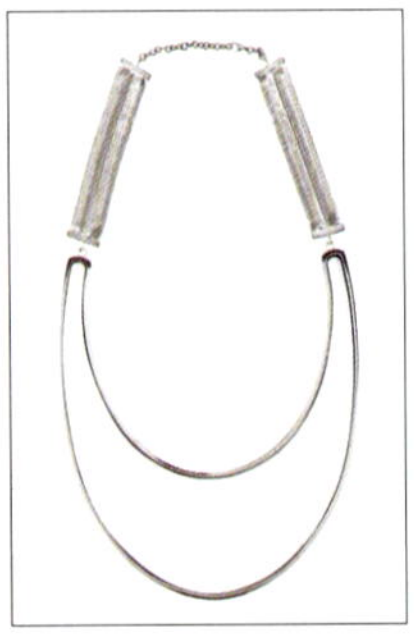

图 5-10 科学的进步给现代首饰带来更为宽广的选材范围赛琳（Celine）几何项链外形为非洲马赛族传统颈饰造型，采用了现代工业材质

一。它不仅能使珠宝首饰更加丰富多采，也能增强人们购买它的欲望。（图5-7）

实际上人们在感受色彩和对色彩的反映在很大程度上是因人而异的。文化在人们对待不同色彩的态度上也起了至关重要的作用。理解色彩是如何影响一件作品的视觉冲击力是非常必要的。领会一件作品的视觉平衡和美感是怎样通过色彩的阴影、变化和亮度得以改变的。（图5-8、图5-9）

3. 材质

首饰的材料主要有金属材料（贵重铂金、黄金、包金、白银，普通常见金属铜及合金、镍合金、铝镁合金、锡合金、铅、钢、铁、稀金、亚金、亚银、景泰蓝等），珠宝（钻石、祖母绿、红蓝宝石、猫眼、翡翠珍珠、蛋白石等、），陶瓷材料（彩陶、软陶、釉瓷、粘土等），塑料（软塑、热固、橡胶、有机玻璃等），其他材料（皮革、绳索、纺织品、木头、植物果实等）。材料是进行创作、传达精神理念的载体。各种材料本身特有的质地、肌理和颜色促使人们视觉兴奋，在视觉上、触觉上、听觉上、心理上都产生许多特别的感受，如黄金的富丽华贵，白银的含蓄高雅，钻石的绚丽多彩，触觉上会给人光滑、柔软、温润、坚硬、清凉等触感，有节奏的摇晃、碰撞发出的声音还能给人带来听觉上的愉悦。

任何材料只要使用的合适精妙，都适合于首饰设计。今天

图 5-13 发饰设计（传统材料和其他材料组合起来可以为一件设计作品增加有效的对比，这样既保持了传统珠宝材料的亲切，又使首饰具有现代的前卫感）

图 5-14 迪奥（Dior）猎豹爪胸针（艺术创作从根本上改变了物质本身的传统属性并赋予它新的精神内涵，这种精神内涵在物化过程中传达得越自然，其材质属性就越隐退）

在珠宝首饰设计中不再有正真禁忌的材料了。只要能提升一件作品的品质和价值，能拥有适用性和良好的使用方法的材料都是好材料，如塑料、纸张、丝带、锡等廉价的材料。对于首饰材质美的表现也是首饰设计的一部分。首饰设计应该合理运用各种与传达精神内涵相适应的材料，不断拓宽材料传统上的意义，积极开发新材料创造新的视觉内涵和形式。（图5-10~图5-14）

4. 装饰工艺

在首饰设计中，材料是精神内容的载体，而工艺则是实现它的手段和途径。通常首饰设计的装饰工艺有模压、雕镂、垒丝、镶嵌、镀层、轧光、烧蓝、凿花、焊接、包金、雕漆、注塑、热固、编结、缝制、串珠、刺绣等方法。在实践过程中不断积累对材料和工艺的感性认识，不断发展新的表现技术，以恰当的工艺技术把材料中所蕴涵的潜在的形式美感和构思所设定的精神内涵表现出来，这样的设计才是成功愉悦的。（图5-15~图5-17）

5. 感觉要素

视觉与触觉：首饰主要是通过造型、色彩、材料、工艺等视觉元素来传达的。从事首饰设计时，首饰带给我们的视觉冲击力是需要考虑的最重要的因素。视觉冲击力通常也是吸引人们注意力的最好方法。此外，首饰不仅是一种视觉艺术，首饰还是一个用来把玩和佩戴的、可触摸的形式，因此触觉也是首饰设计中一个强有力的设计要素。一件作品的触觉可以轻易的反映我们对作品的反应，也可以发现它是否适于佩戴。重视触觉的感觉要素设计可以加强佩带者与作品之间的联系，珠宝首饰经常被看作是人类自身身体的延伸，把玩一件熟悉的珠宝是一种放松身心的好方法，它给予人们幸福和舒适的感觉。（图5-18、图5-19）

味觉与听觉：在首饰设计中味觉很少被包含在感觉经历中。在过去的几个世纪里，珠宝尤其爱被制作成容器，来盛放含有芬芳气味的植物，如熏衣草或玫瑰花，用以掩盖那些包括身体异味在内的令人不快的气味。因为物体彼此接触就可能会创造响声。声音也可能被漫不经心的添加到首饰设计中。（图5-20~图5-22）

图 5-15 John Hardy 龙形皮编手镯（借鉴古典元素的工艺设计同样可以呈现摩登的面貌）

图 5-16 造型简洁的黄金手镯表面采用凹凸起伏的压花处理，充满材质的肌理感具有独立形式的美

图 5-17 布契拉提（Buccellati）甲虫配饰（运用纺织技艺上的蕾丝切割工艺是Buccellati的珠宝、银饰特色所在）

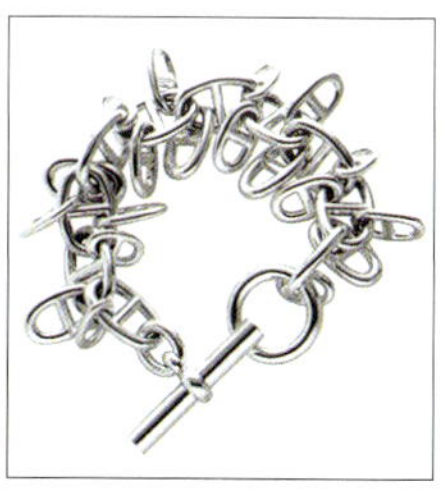

图 5-21 手镯中不同大小的链环会发出好听的叮咚声，奥妙在于各个链环之间的设计组合经过精心的计算，以满足听觉的愉悦

图 5-19 卡地亚水果锦囊项链

图 5-20 结合使用坚硬和柔软的材料，是一种包含色彩和视觉质地的有益的表达方式

图 5-18 Dior Joaillerie“国王和王后”系列首饰设计（订婚戒指采用了骷髅头骨的造型，有些不可思议却又能紧紧吸引人的眼球，使人过目不忘）

图 5-22 富于动感的Solange Azagury-Partridge流苏戒指（当物体互相碰撞时不同的形态和材料会对声音产生影响）

图 5-23 比德于玉，夏奈尔（Chanel） 装饰艺术耳环

图 5-24 中国力量耳饰夏奈尔（CHANEL）以2010年上海世博会为设计主题的特别版配饰设计

图 5-25 阿玛尼（Armani）蜥蜴胸针（不同寻常的灵感最终可能会变成一件趣味性很强的美丽物品，通过使用装饰的水钻使蜥蜴变得漂亮而不再吓人）

图 5-26 御木本（MIKIMOTO）首饰设计以英文字母LOVE作为设计的蓝图，以纯洁珍贵的日本Akoya珍珠衬以粉红宝石及钻石，见证真爱，纪念最甜美幸福的一刻

图 5-27 卡地亚（Cartier，印章表—胸针设计，这款表镶嵌了一个19世纪中国玉印，印上雕刻佛教中的狮子形象）

图 5-28 范思哲（Versace，戒指设计不仅具有装饰功能，戒指戒面的珠宝小方块都可以活动）

6. 情感

人们长期赋予了首饰爱情信物意识、象征财富的意识在人们的生活中占有重要的地位。因此爱情常常是首饰设计中一个永恒的主题。此外，由于在首饰设计中可以结合绘画、雕塑等元素，或结合影像、形体元素，所以作为一个媒介，首饰显然可以作为一种叙事的手段。首饰设计还要充当表达民族、传统、人性以及个性特点的多重角色。（图5-23~图5-26）

7. 功能

好的作品一个不见的功能不只是一个单独的、实用的部分，而且还是整个设计潜在的不可分割的组成部分。探研其他领域是拓宽知识的一个方法。单从珠宝领域寻找创新的方法是非常有限和受约束的。相反，考虑所有不同领域中可以延伸功能的方法，如从厨房、衣服、工厂等地方获得灵感。（图5-27~图5-30）

二、首饰设计的创意表现

首饰设计是一种对物质性与精神性都有高度要求的设计艺术。作为美和情感传达的载体，现代首饰作为新时代文化的精神的一种象征，将承载着更多的精神功能，现代首饰设计更注重人的精神需求，尊重人的情感和习俗，设计更生动和人性化。

首饰的创意设计更多的传达了设计师的思想与理念，常常打破使用常规的首饰制作材料或制作形式，在创意设计的过程中常常淡化了许多功能的元素更倾向于表达，使得设计的意念更为集中。首饰的创意设计表达了许多人性的光辉和人类思想的火花，更多的时候它是一件艺术品而不是仅仅可以佩戴的一件首饰，这也正是创意首饰设计的魅力所在。（图5-31~图5-35）

1. 首饰设计创意的具象表现

大自然是首饰设计创意灵感的源泉，大自然启发了首饰设计从形状、造型、质地、颜色、材料到功能、情绪和加工方法等。这个有机的世界可以满足我们所有的感官：能刺激视觉的造型和纹理，可触摸的物体表面，无与伦比的声音，迷人的味道和甜美的香气。此外，大自然也提供了创作的现成的材料形式，从羽毛、贝克到牙齿头发等各种材料都被用到首饰设计中来。（图5-36~图5-38）

2. 首饰设计创意的抽象表现

在首饰设计中，抽象是非常有用的设计手法。抽象意味着抽离、分开、重移和概括，抽象的方法可以去掉外围的信息，使设计更集中地表现主题。抽象也是一个避免太真实的有用方法，太真实会使设计太刻板呆滞。抽象本质上就是对一个主题的理解和简化，使其固有的品质能够居于设计正中的位置，而不受到任何不必要的分散和竞争。（图5-39~图5-42）

图 5-29 By Malene Birger 饰水晶毡质项链设计（项链不仅是项链，还是可移动的服装部件——领口。项链的带子的长短可以根据搭配的服装来调节，方便而实用）

图 5-30 首饰是设计者纪念性作品的一部分（2004年6月21日，美国O.C. Tanner公司发布为参加雅典奥运会的美国代表团设计的纪念戒指）

图 5-31 首饰是从雕塑中分离出来的一种形式，三维造型的首饰也可能成为微型雕塑

图 5-32 好的创意也是提升首饰价值的重要手段（好的创意作品给人们带来的感觉可以把它们从普通提升到非凡，TattyDevine塑料首饰，以童话故事《灰姑娘》为主题的南瓜马车项链）

图 5-33 御木本（MIKIMOTO，戒指四环相接的设计打破了戒指传统的形制，只需将两边的环叠起来就可以戴上手指，中间的珍珠可以在双环间自由的转动）

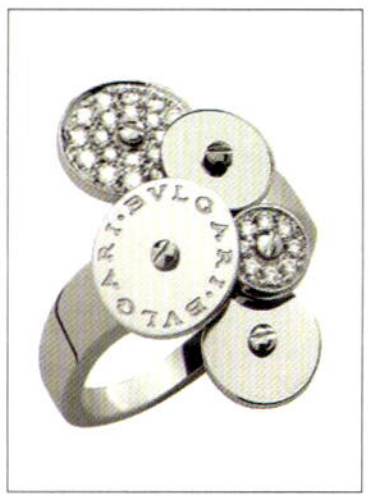

图 5-34 宝格丽（Bulgari）白金戒指（设计由层层叠叠的碟盘组合而成，大小不一各据一方的碟盘可以旋转转动，趣味十足）

图 5-35 梵克雅宝（VanCleef&Arpels，灵感源自法国芭蕾舞流派项链设计，宛然流动着法式芭蕾的清雅华贵）

图 5-36 大自然的动物、植物的有机形态提供了创意首饰设计无尽的灵感来源（左：Roberto Cavalli青蛙耳环，右：Chanel2010珠宝系列：garden of eden百花齐放）

图 5-37 卡地亚（Cartier）高级珠宝孟加拉虎黄钻项链

图 5-38 以昆虫为造型的臂饰设计

图 5-39 基于数学的几何形状使人感到有序、完美，一个使用几何造型的设计主题可以给人以整洁感

图 5-40 对于传统的首饰造型和形式，创意性的设计理念无疑拓宽和延伸了设计的内容，获得既熟悉又陌生的新鲜视觉形式

图 5-41 巴宝丽（Burberry，由大大小小的皮革方片组成的大尺寸颈链设计，暗红色的鳄鱼皮纹，质感奢华不乏活泼）

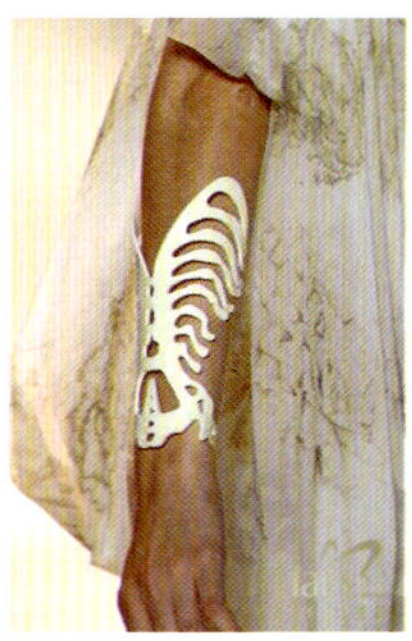

图 5-42 Christian Lacroix 象牙白骷髅骨样式手镯

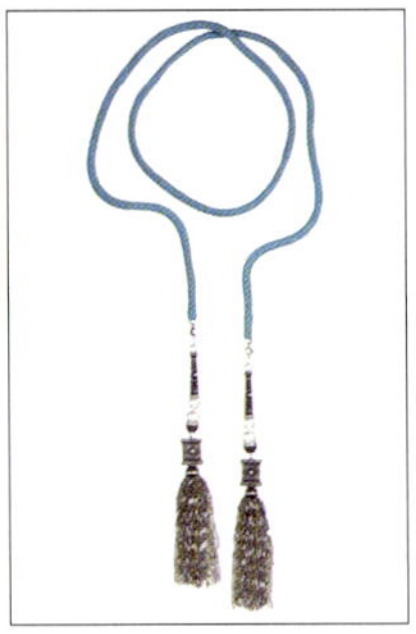

图 5-43 迪奥（Christian Dior）流苏穗项链（可以像戴围巾一样绕在颈间，两端的吊坠可随意更换，易搭实用）

图 5-44 爱马仕（Hermes）马具造型项链（把马具、皮具元素组合在一起，手工缝制出皮包手柄的形状，马具造型的挂件是由仿古效果的金属材质做出，富有新意）

图 5-45 斯沃琪（Swatch）手表，设计兼顾了实用和装饰的双重功能

图 5-46 Christophe Coppens 亮片手形项链（设计师的品牌logo在手套掌心像眼睛一样的标志，成为整个科幻异想的点睛之笔）

图 5-47 Alexander Wang 银质角形宽手镯设计造型和材质都很单纯，具有冷酷的艺术个性

第三节 首饰设计的潮流与趋势

随着社会各种文化思潮的发展，首饰设计的风格也体现出鲜明的时代特色。21世纪在全球经济一体化的时代背景下，世界各民族的文化艺术在互相交融、渗透中发展。首饰设计也呈现出较复杂、多元化的设计趋势。

一、从保值到时尚

珠宝首饰投资保值的功能正在逐渐淡化，只在结婚、生日等重要节日买首饰的习惯和传统也在悄然发生变化。更多的人碰到自己喜欢又适合于自己气质风格的新产品也会毫不犹豫的买下来。为了迎合消费者的审美口味，首饰设计生产厂家也不时推出不同主题的产品问世，产品的设计也吸取时尚元素以增加产品的附加值。一些品牌还推出一些既保值又富有时尚的设计产品，以满足人们两全其美的心理要求，受到了良好的反映。（图5-43、图5-44）

二、功能与形式的创新

设计的对象和中心始终是人。人的需求变化始终左右产品设计的方向。为了满足人们不断增长的审美需求，首饰设计产品在功能与形式上需要不断突破与创新。随着现代首饰设计在材料和主题上的拓展，首饰设计的外形和尺度不再拘泥于传统的式样，材料与加工技术的发展更使得设计的风格和形式更为新颖，世界各民族的文化艺术的交融产生许多新的风格样式。首饰使用功能的设计也更为科学合理，例如揉合听觉享受与视觉审美的音乐项链，满足实用与装饰功能的手镯手表等。（图5-45）

三、个性化设计

科学技术与通讯、媒体的发展使地球成为一个“村落”，世界的各个城市距离被拉近缩短，时尚的信息可以通过网络迅速传达到地球的各个角落。人们可以在不同的地点买到来自世界各地的产品，人们已不满足于到处都佩戴同样款式的产品，首饰产品的异质化设计成为需求，更多的首饰设计在款式、材料、色彩和功能上表现现代风格，还有不遵循任何设计规则的前卫风格产品，都充分显示个性化和鲜明的形式感。（图5-46~图5-49）

四、系列化

设计和制造系列的首饰作品常常是探索或挖掘主题、材料、理念或加工方法的有用方式。系列作品比单件作品更能吸引人的注意力。成系列的作品能表现更强的视觉冲击力，并为顾客提供更多的选择机会。成系列的作品体现了设计思维的一种延续，在各个造型之间既有不同，又有可察的关联。（图5-50）

图 5-48 Delfina Delettrez 红唇项链设计（饱满的正红色嘴唇加上金色镶边的挂坠，让人联想到80年代的摩登女郎，把饱和色彩的时髦感发挥到淋漓尽致；玫红色嘴唇两颗暴露在外的大红色獠牙，增添了几分恶作剧的趣味）

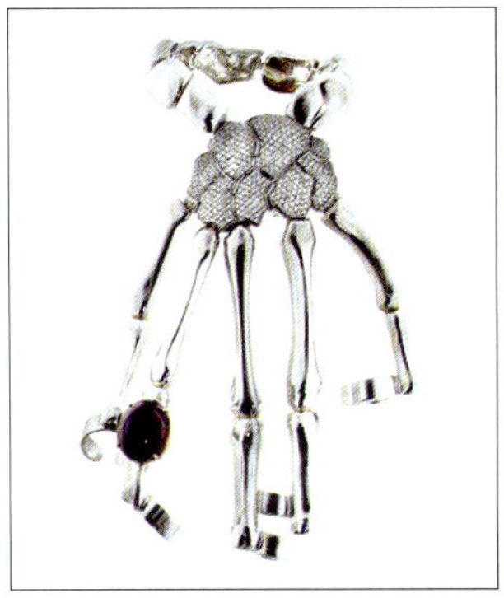

图 5-49 Delfina Delettrez 手骨手镯采用手部骨骼的造型（这款手镯在手腕和5个手指上分别固定，贴合在手背上，就像是用首饰来表现手部透过X光照出来的骨骼的样子，其中的一根手骨还戴着紫色宝石戒指，是一个十分个性的设计）

图 5-50 黄金套饰设计系列

五、永恒的经典

一些世界著名的首饰品牌往往都拥有自己品牌的代表性设计，这些成熟的设计样式经典、永恒，是经得起时间考验的不会过时的样式，这些产品的设计从来不会为潮流大趋势而轻易改变，也拥有一批执着忠诚的消费者。（图5-51）

图 5-51 夏奈尔（Chanel）马耳他十字手镯，夏奈尔（Chanel）山茶花系列高级珠宝，十字造型和山茶花是夏奈尔（Chanel）品牌的标志性图案

六、首饰DIY

首饰DIY显示了消费者参与设计的理念和过程，通过这个设计行为也可以拉近人与饰物的距离。在这个过程中，人们可以根据自己的喜好，选用不同造型、色彩、和肌理的材料构件，制作不同款式和风格的饰品。现代时尚的舞台已发生巨大的变化，那些经典传统的珠宝设计不一定永远是时尚的主角，无论是经典品牌还是标新立异都有一席之地。小小的DIY首饰设计凝聚了人类最生动世俗的表情和智慧。（图5-52）

图 5-52 各种DIY的银饰饰品（一般首饰DIY的业务提供导师，场地，工具，材料等，do it yourself让顾客享受到自己动手加工作品的成就和乐趣）

第四节 首饰的佩戴艺术

随着科技的发展和人们生活水平的提高，现代首饰设计在材料、制作工艺和款式方面发生了巨大的变化，首饰的种类和样式也越来越丰富。首饰不再成为少数人的专利，越来越多的人可以也能够拥有属于自己的首饰，并成为现代人类生活中一种不可缺少的装饰品。如何选择适宜的首饰搭配，需要掌握首饰佩戴的艺术。

一、首饰与服装的搭配

服装和首饰是密不可分的组成部分，首饰的样式和风格、色彩要与服装相互呼应，才能构成和谐的视觉效果。因此，服装种类和样式的丰富性也带动了首饰设计的样式和风格也呈现

图 5-53 黑色的服装色彩很好的衬托了首饰的形态与质感，首饰的色彩也缓和了大面积黑色带来的压抑感

图 5-54 首饰的配置可以弥补服装领部设计的空白感，从色彩、形态、线条等方面丰富了装饰的内容和层次

图 5-55 首饰搭配简单款式的服装可以提升着装的精致感，也使得着装的形象更为完整

图 5-56 首饰设计也可以成为着装的重点表现对象和精彩亮点

图 5-57 首饰与服装互为补色的对比搭配使得整个着装华丽夺目

图 5-58 安娜苏（Anna Sui）带有民族风的项圈式项链设计与服装的色彩和风格都十分吻合

出多元化的发展趋势。市场上除了一类是精美华贵、货真价实具有装饰和保值的双重功能金银钻石珍珠首饰外，另一类就是艺术味极强的装饰性首饰，款式新颖独特，有木、铜骨、皮、石头、陶瓷、纺织物等各种材料制成，有骨雕刻类，陶瓷类，塑料类，绳编刺绣类等。这些搭配服装的首饰风格多样，如古典型，高雅型，自然型，前卫型，浪漫型，怀旧型，民族型等，这些款式丰富、新潮时尚、价格便宜的饰品能满足不同心理、喜好和个性的消费者需求。有些服装品牌更是提供了与服装匹配的首饰配件，不仅加强了设计的整体性，还省却了消费者二度搭配的烦恼。（图5-53~图5-57）

此外，对于首饰的选择不能一味的任凭自己的喜好。有的人只相信昂贵的名牌，有的人注重款式与造型，有的人不喜欢雷同喜欢独一无二，有的人偏爱材料的质感等等。不同的着装风格需要搭配不同色彩和造型的首饰，如对于廓形简洁的职业装配饰，可以选择造型简洁、做工精致的钻石耳钉和项缀、胸针，可以突破职业装色彩的单纯性，既有品位又不张扬；而带有民族风格的服装适宜搭配贝壳、竹木、陶瓷材质的首饰。（图5-58、图5-59）

二、首饰与佩戴者的关系

首饰的佩戴与人的性别、年龄、体型、肤色、脸型、发型等因素有着密切的关系。男性的首饰无论是种类和样式上都不及女性的首饰丰富，大致只有戒指、项链和耳环等。正确认识自己选择适宜自己佩戴特点的首饰是非常重要的。如椭圆脸型的人可以佩戴各种形状款式的珠宝；方脸型的女性为了增加脸部线条的柔和适宜应佩戴一些曲线造型的首饰，如水滴型、椭圆型的耳环，不适宜佩戴一些棱角分明或几何形态过于规则的耳饰；圆脸型的女性则适宜选择一些外形修长或垂式的耳环；戴眼镜的女士因为眼镜的反光适宜选择素净的耳环。

正确的选择和佩戴方式某种程度上还有改善自身缺点的功效。例如耳环的佩戴就对人的脸型可以起到很好的平衡作用。此外，佩戴项链时由于项链形成的线与领口线一样，有强调或减弱脸的形状或大小、脖子的粗细长短的作用，所以选择与服装领子相配的项链尤为重要。一般体胖脖子短的人适宜选择配有长形悬垂饰物的项链，细长、造型简洁的项链可以增加视觉的延伸，可在胸前构成的“V”型图案会使脖子看起来有长一些的感觉，佩戴大颗粒的短串珠只会让脖子看上去显得更短，瘦高的人为了使脖子显得圆润，适宜佩戴相对短小而简洁的颈链，或佩带一些层叠式富有图案结构的项链可以增加颈部的丰满感，瘦小的人不宜佩戴过分粗大的首饰，选择小巧精致的首饰会使人产生娇柔伶俐的感觉。（图5-60~图5-62）

首饰还与着装者的性格有着极大的关系。如对不同造型首饰的选择表现了着装者不同的性格特征。如选择三角形的吊坠

适合个性活跃者，方形适合有事业心的女性，星形适合爱幻想的少女，圆形适合稳重成熟的妇女。对男士而言，首饰的结构多用方形，给人稳重理性的印象。

三、首饰的佩戴环境

首饰的选择还与佩戴的环境相关，参加庆典宴会晚会等正式场合的配饰可以选择与礼服、包相配的系列首饰，一般可佩戴亮色系列、造型华丽独特的珠宝。近年来各大电影节和颁奖晚会也成为众设计师展示作品的舞台。（图5-63、图5-64）

此外，像时装一样，饰品也有季节性。由于季节不同，对于饰物的质地、色彩、形式以及佩戴取舍的要求也不同。夏季的服装面料轻薄，可配戴一些色调淡雅的水晶饰品。冬季的面料较为厚重，适宜选择有分量的配饰。

图 5-59 廓形简洁的职业装配饰可以选择造型简洁、做工精致的首饰设计

图 5-60 不同质感的材料组合设计的首饰作品具有丰富的色彩与肌理形式

作业:

1. 首饰的概念与分类。
2. 首饰设计的要素。
3. 为自己设计一款流行首饰（戒指、项链、手镯、耳坠、胸针等），要求制作成实物，材料不限。

图 5-61 首饰的选择和佩戴与人的性别、年龄、体型、肤色、脸型、发型等因素有着密切的关系

图 5-62 项链形成的线与领口线一样，有强调或减弱脸的形状或大小、脖子的粗细长短的作用，有长形悬垂饰物的项链可以增加视觉的延伸感

图 5-63 参加庆典宴会晚会等正式场合的配饰应选择与礼服、包相配的系列化首饰

图 5-64 季节不同戴的首饰也要不同（金色、深色首饰适合冷季佩戴，而银色、艳色首饰适合暖季佩戴）

第六章　鞋袜

学习目标：

通过本章内容的学习，了解鞋袜的种类及其发展趋势，掌握鞋袜的设计方法与搭配艺术。

学习重点：

鞋袜的设计方法。

学习难点：

鞋袜的设计方法。

Christian Dior的首席珠

图 6-1 运动鞋的设计灵活的结合市场，以其丰富变化的造型和款式以及时尚的色彩装饰，受到了许多年轻人的青睐

图 6-2 高跟鞋以其独特的魅力流行了400年，直至今日地位一直未改。尤其是鞋跟的设计投入了设计师无限的想象力

第一节　概述

鞋子有着悠久的发展史，它是服饰品中最具实用性质的物品之一，也是影响着装形象的重要配饰。由于一个人的行动和全部重量都要脚来承担，人行走的姿态，体态和风度都是靠行走的动势来展现的。因此选择鞋子的最重要的是感到舒适，其次才是美观的因素。随着科技水平的发展和人们生活水平的提高，鞋的制作材料、式样、用途越来越多，鞋的种类也开始丰富起来。（图6-1、图6-2）

一、鞋子的种类

鞋子的种类很多。按照不同的角度有不同的分类方法。鞋子的分类方法多以原材料的使用、穿着功能、季节特征以及造型等方面来分：

按材料分：有草鞋、麻鞋、布鞋、胶鞋、木鞋、皮鞋等；

按季节分：有凉鞋、棉鞋、保暖鞋等；

按年龄性别分：有童鞋、男鞋、女鞋、中老年鞋等；

按穿着功能分：有运动鞋、拖鞋、舞鞋、旅游鞋、马靴等；

按造型特点分：有平底鞋、高跟鞋、高帮儿鞋、浅帮儿鞋、厚低鞋、坡跟鞋、尖头鞋、方头鞋等；

二、现代鞋子的发展趋势

现代鞋的发展变化被赋予更多的元素，人们不断追求鞋子的实用与审美，还不断地研究鞋子的各种功能。

1. 风格的多样性

鞋子设计风格随着服装的流行、社会观念、审美倾向、艺术形式等各种因素的变化而变化，不同设计风格的鞋子给了人们以更宽阔的选择和享受。鞋子的风格主要有复古风格、建筑雕塑风格、民族风格、嬉皮士风格、后现代风格等等。这些风格的变化主要体现于整体与细节的变化，如鞋跟的造型变化、鞋型的宽窄尖圆变化、鞋舌造型变化以及鞋筒的高低肥瘦变化，鞋子的装饰设计和辅料设计也会使鞋子的造型产生新的风貌。（图6-3、图6-4）

图 6-3 路易·威登（Louis Vuitton）民族风格的鞋子设计附有非洲土著人面具的图形以及丝绸的系带、皮革、木珠等材质拼接成的有趣图案

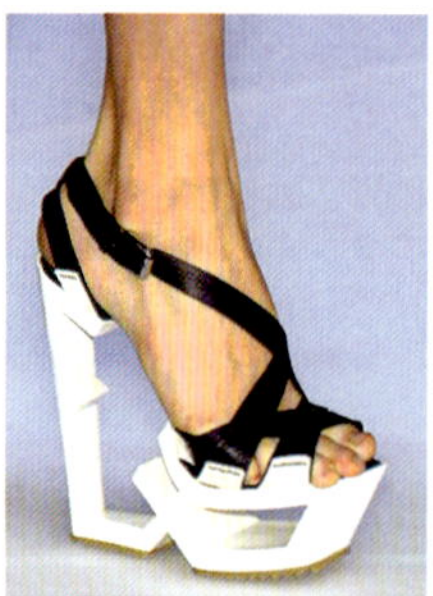

图 6-4 镂空式鞋款设计具有建筑的风格

2. 功能的延伸化

近代鞋式的变化根据服装款式的变化而形成新的格局，各种高新技术使材料的质地和质量更加完美，鞋子的发展逐渐过渡到使用与审美相结合的形式。当今鞋子的发展变化则被赋予更多的因素。人们不但追求鞋子的实用与审美，还不断研究鞋子的各种功能，如透气性、保暖性、舒适性等等，此外，在保护脚的属性上又添加其他功能，例如:隐形增高、呼吸透气、长动力、负离子抗菌等等。鞋子的各种功能性设计增加了产品的附加值。（图6-5）

图 6-5 亨达按摩透气功能鞋

3、新材料的应用

现代鞋子设计除了使用传统的材料外，各种最新材料也得到发现和使用。新材料也包括对传统材料的重新处理和改革，如运用新的技术将皮革材料软化处理，使得鞋子的舒适性能有所提高。（图6-6）

图 6-6 巴西梅丽莎果冻鞋（Melissa，采用100％可再生的注模塑胶，色彩鲜艳，柔软舒适，并设置有透气孔；闻起来还混合着软糖和棒棒糖的香味）

第二节 鞋子的设计

一、鞋子局部造型设计

鞋子的局部造型设计构成主要包括鞋底设计（鞋头和鞋跟）、鞋帮设计以及鞋筒设计。

1. 鞋底设计

鞋底设计的造型变化主要体现在鞋头部与鞋跟部。

鞋头：鞋头常有尖头、圆头、方头等基本造型，鞋头的设计在这些基本造型的基础上随着流行的变化而加以变化。并根据不同的设计对象演绎出丰富的造型和样式。（图6-7~图6-9）

图 6-7 女士的鞋头设计变化最为丰富（尖头的造型透露出秀气或性感的气质，圆头则显示出可爱、俏皮，无论是尖头还是圆头造型，都有着千变万化的造型和样式）

图 6-8 男士鞋头大都采用圆头或方头的造型样式，显示出成熟稳重的气质表征

图 6-9 香港鞋款设计比赛获奖系列作品，儿童鞋的鞋头造型可爱、富有童趣

鞋跟：鞋底分为平跟和有跟的两种，男士和儿童鞋大都选择平底或低跟的造型，舒适而又安全。但鞋跟设计却是女士鞋子设计的一个重要方面。女士鞋跟的变化最为微妙生动。由于高跟鞋能使女性脚背形成优美的弧线，小腿肌肉微微紧绷，体态随之变得颀长挺拔，穿上高跟鞋某种程度上能增加女性的自信等原因，使得高跟鞋成为女士们非常热爱的一种鞋子，自从16世纪高跟鞋面世以来，已经足足流行了400年。高跟鞋的地位让设计师在高跟鞋款式的推陈出新上可谓费尽心机。（图6-10）

鞋跟根据高度通常分为4种：0.8～1cm为平跟，2～3.5cm为低跟，4～6cm为中根，大于7cm为高跟。女式的鞋跟除了高矮的变化外，在造型上的变化更是十分丰富。光是鞋跟的样式就有坡跟、橄榄跟、调羹跟、菱形跟、酒杯跟等许多钟几何形的变化，为满足女士们在不同场合中对鞋跟的不同需要，欧美国家还出现了可换跟式的女鞋。它是美国加利福利亚的一位整形外科医生发明的。这种鞋在鞋体和鞋跟的连接处装置了一个金属卡子，换跟时将鞋跟插入金属卡子即可。通常一双女鞋可有3～7对不同形状和高矮的鞋跟供更换， 是个非常实用又人性化的设计。（图6-11）

图 6-10 诞生于1986年的TOD'S豆豆鞋（一款平底休闲鞋，因为鞋底和鞋后跟上有标志性的133颗橡胶粒而有此得名）

图 6-11A 女士鞋跟设计（除了高矮的变化，在造型上变化也十分丰富。鞋跟的设计将物理受力与装饰性完美结合，形成了许多新奇的效果）

图 6-11B 女士鞋跟设计除了高矮的变化，在造型上变化也十分丰富。鞋跟的设计将物理受力与装饰性完美结合，形成了许多新奇的效果

2. 鞋帮设计

覆盖脚背和脚跟的部分称鞋帮。鞋帮的设计是体现鞋子款式风格的关键。鞋帮面的分割变化非常丰富，有带条式、编织式、网面式、镂空式、拼接式、半遮式、全遮式、运动式等。其中带条式、编织式、网面式常用于凉鞋，镂空式、拼接式、半遮式常用于春夏秋季的鞋，全遮式常用于秋冬季的鞋。（图6–12~图6–18）

3. 鞋筒设计

鞋子位于脚踝骨以上的部分称鞋筒，有筒的鞋又称靴。靴子是近几年女性们非常热衷的鞋款。无论是鞋筒的高低变换还是装饰的手法都非常丰富。靴子按鞋筒的高低和形态分为短靴、半筒靴、高筒靴、系带长靴等，按设计形式分有旁拉锁式、按钮扣式，单和棉，软筒和硬筒式等。此外，靴子的材质、色彩以及表面的装饰变化也非常丰富。（图6–19）

图 6–12 带条式鞋面

图 6–13 编织式

图 6–14 网面式

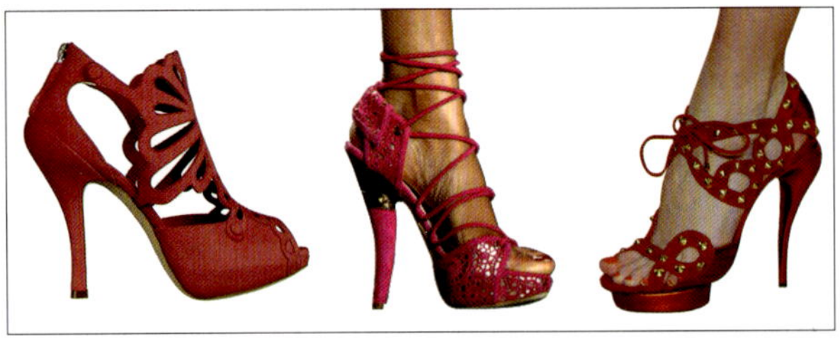

图 6-15 镂空式

图 6-16 拼接式

图 6-17 半遮式

图 6-18 全遮式

图 6-19 靴子的材质、色彩以及表面的装饰变化设计都非常丰富

二、鞋子色彩与图案设计

鞋子在服装的色彩搭配中起着重要的作用，对于不同的色彩选择反映了穿着者的个性和心理特征。鞋子色彩设计的表现是非常丰富的，鞋子的色彩与图案通常是通过构成鞋子的材质来体现的，但是服装设计中的各种装饰手法也常常被运用到鞋子设计中来，例如拼接、绗缝、镶边、刺绣、褶皱、钉珠等，无疑大大拓宽了色彩的表现空间。（图6-20~图6-23）

三、鞋子材料构成设计

构成鞋子的材料非常丰富，鞋面主要材料包括毛、真皮、再生革、人造革和纺织布料（无纺布、复合网面布、氨纶、丙纶）等，鞋底材料包括从以橡胶、塑料为主到热塑性弹性体、高分子复合材料、纳米材料和功能材料。随着科技的发展，构成鞋子的材料得到不断的提升和完善，新型材料也被不断的得到应用。材料的丰富与更新为鞋子设计带来新的视觉外观和穿着者更舒适的心理享受。此外，不同的材料组合设计不仅增加了材料的对比，还丰富了材料的层次。每一种材料均有其不同的特性和强度，相应的有其对应的工艺。尤其是一些纺织材料的运用，对于一些面料的装饰工艺以及设计手法也被引进到鞋子设计中来，拓宽和延伸了鞋子的设计方法。（图6-24~图6-30）

图 6-20 红色鞋之父克里斯提·鲁布托（Christian Louboutin）招牌式的红色鞋底时至今日还是许多女性喜欢的一个标志

图 6-21 夏奈尔（Chanel）经典的双色鞋面设计（小牛漆皮和特殊PVC处理使鞋面呈现细致的半透明效果，增添了不同的层次美感）

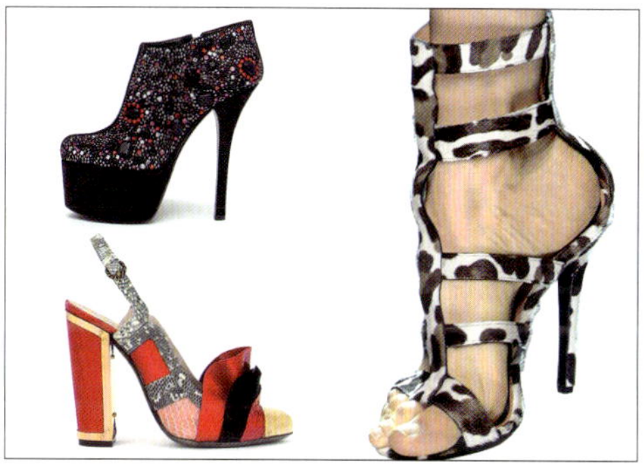

图 6-22 鞋子色彩的质感、肌理等特征大都是通过构成鞋子的材料物质体现出来的，钉珠、镶嵌等许多装饰方法的运用拓展了鞋子色彩的表现空间

图 6-25 巴西的鞋子品牌梅丽莎果冻鞋（Melissa）设计以塑料的材质、鲜艳的颜色、夸张的造型、独特的气味而著称

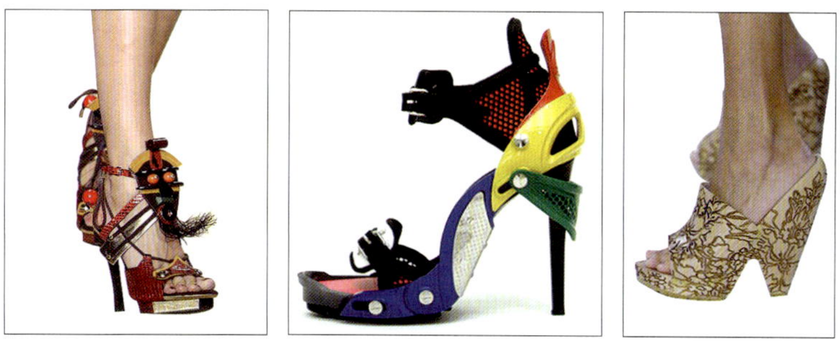

图 6-23 吸取不同领域的灵感设计是丰富鞋子色彩设计内容和形式的重要方式

图 6-24 一些经典的色彩和图案也是鞋子设计中经久不衰的款式

四、鞋子装饰设计

用于鞋子的装饰方法非常丰富。常用的装饰方法有镂空、刺绣、铆钉、流苏、花边、蝴蝶结、褶皱、羽毛、标牌、拼接、镶嵌等手法。此外，各种鞋的辅料也可以完善鞋的设计，主要有各种扣、襻、带、气眼、拉链、松紧等。（图6-31~图6-43）

图 6-26 俗称“洞洞鞋”的卡骆驰（Crocs，由树脂材料制成，不仅防水而且异常轻便，和塑胶材质不同，它可以抑制细菌和真菌滋生。最妙的是它能随着体温变得更加柔软，更加贴合脚部轮廓）

图 6-27 “果冻鞋”以PVC材质为主要材料，不仅价格便宜，穿着轻便舒适，99％可回收的PVC材质，符合先进国家的环保标准

图 6-28 在纺织品的材料构成中，一些服装的设计理念：领子、褶皱感与悬垂感也被运用到了鞋子设计中来

图 6-29 羽毛装饰

图 6-30 蝴蝶结装饰

图 6-31 花饰

图 6-32 蕾丝装饰

图 6-33 水晶、亮片装饰

图 6-34 铆钉装饰

图 6-35 钉珠装饰

图 6-36 流苏装饰

图 6-47 扣、襻装饰

图 6-38 金属环、金属链装饰

图 6-39 镂空装饰

图 6-40 褶皱装饰

图 6-41 拼接装饰

图 6-42 刺绣装饰

图 6-43 手绘装饰

第三节 袜

一、袜子的概述

由于受到鞋子的包裹和下装的遮挡使得袜子的展现空间受到限制。袜子的设计装饰也不够引起人们的重视。20世纪初的成衣普及导致时尚的观念为大众广泛的接受，尤其是女装的造型发生了突破性的变化，女性大方的露出了健美的小腿，从而也提升了袜子的设计意义。（图6-44）

在现代服饰艺术中，袜子在强调实用功能之余被赋予了更多的装饰意义，袜子以独有的优势成为人们重要的装饰品之一。现代袜子的种类和形式都有很大的改观和更新。除了尼龙丝袜以外，还有棉织物、丝织物、毛织物以及丝和棉、锦纶和棉交织等各种材料的袜子。尤其是高科技弹性纤维的应用带动了丝袜编织工艺的改进，如复杂的提花及精工蕾丝、生动的条纹和鱼网纹的出现，甚至在丝袜中植入金属线和眩目的假钻。高科技纤维莱卡的使用，带动了丝袜染色工艺的提高，大大丰富了丝袜的色彩选择。

服装的流行与袜子联系也更为紧密，袜的造型、色彩、质地与服装紧密相关，相互呼应。丝袜还具有修饰腿部皮肤颜色和调整腿型的作用，袜子与鞋子、帽子、手套等其他配饰品一起完善了服装的整体形象。袜子以其独到的图案色彩和线条造型成为最灵活的表现元素。（图6-45~图6-47）

二、袜子的设计

袜子的造型因为需要符合脚型，因此在造型设计上没有太大的变化。袜子设计的中心主要在袜子的长短、色彩、图案、袜口装饰、工艺以及装饰手法等方面的设计变化。袜子按长短分一般有短袜、中筒袜、长袜、连裤袜等，六分袜、九分袜是近年来非常流行的款式。袜子的图案设计有着丰富的表现工艺，如针织、印染、刺绣等。袜子普遍采用针织提花或镂空技术，设计这类图案要求对针织工艺比较了解。袜子图案的设计主要根据使用人群和服装的需要。例如男袜与女袜的有着不同的色彩图案形式，儿童袜的图案选择则更适合卡通和花朵图案。（图6-48~图6-52）

图 6-44 20世纪60年代迷你裙的诞生掀起了一场服装革命，英国设计师玛丽·奎恩特（Mary Quant）设计的超短裙风靡全球，同时也显示了袜子的重要性，并由此也产生了另一个重要的发明——连裤袜

图 6-45 渐变色的运用令单调的单色长袜变得丰富有趣，与颜色相近的服装、鞋子、包袋搭配袜子获得了完整统一的和谐形象

图 6-46 靴子的盛行也给袜子造就了极大的设计空间，巧妙的搭配不仅可以调节人体的比例，还可以增加服装色彩的节奏变化

图 6-47 袜子成为人们重要的服饰品之一（袜子与鞋子的设计搭配联系也越来越紧密，鞋与袜互相彼此映衬、呼应也会带来新奇的艺术效果，鞋与袜不同的创意搭配显现出无限的魅力）

图 6-48 袜口的装饰与变化形式很丰富（如蕾丝花边装饰、花结装饰、刺绣图案装饰、褶皱装饰、双层装饰等）

图 6-49 蕾丝丝袜是较经典的一种类型，不同的图案在肌肤的衬托下增加了不少性感和妩媚

图 6-50 袜子的图案色彩装饰设计较为丰富，方格、花形、圆点、心形、扭条等图案形式，构成多姿多彩的袜子世界

第四节　鞋袜的搭配艺术

中国人常将那些阴损使坏让别人饱尝痛苦滋味的行为称为“穿小鞋”，可见选择鞋子舒服与否是至关重要的。鞋子的选择首先要合脚，其次才是考虑造型、款式、色彩等因素。

鞋子与其他服饰品一样，存在与服装搭配是否协调的问题。选择鞋子的款式色彩最重要的是鞋子与服装以及环境相配。风格统一的鞋子和服装搭配才和谐。现在鞋子的功能及使用场合区别比较细。鞋子的颜色与衣服要相配，简单的办法是选择与衣服同一个色系，或者与皮包的颜色呼应。也可以准备几双常用色的鞋，如白、黑、棕、灰、蓝等。黑白（乳白、米色）灰的鞋子可以配任何色彩的衣服，白色鞋使人轻盈，有向上感，常在夏季使用。棕色鞋配暖色系的衣服，蓝色鞋则可以配冷色系的衣服。（图6–53、图6–55）

对于高跟鞋的选择还跟穿着者自身的体型有很大的关系。矮子的人不宜选择过高的高跟鞋，会使自己的矮个相形见拙，色彩刺激的鞋子会吸引别人的视线集中于脚上，无形中会使个子显得更矮。脚踝或小腿比较粗的人应该选择造型、工艺都比较简单的鞋子。复杂的如搭袢、绳带结构设计和繁缛的装饰工艺只会加重脚部的量感，更要拒绝那些感觉不能承受身体之重的极细鞋跟的鞋款。

作业:

1. 搜集鞋子的资料，归类分析其设计的方法与特点。
2. 市场调研袜子的设计现状与特点。
3. 作20款女式高跟鞋鞋跟的创意设计练习，要求绘制彩色效果图，鞋跟设计同时具有功能性与装饰性。

图 6–53 鞋袜的颜色与衣服要相配，选择与衣服同一个色系是最简单和实用的办法

图 6–54 鞋袜的设计与搭配也可以成为整个着装的亮点

图 6–51 21世纪随着服装个性化风格的发展，丝袜成为表现时尚元素的主题之一（各种鲜艳夸张的彩色丝袜、富有个性的手绘丝袜、金丝线编织的丝袜等也参与到着装设计的环节中来）

图 6–52 袜子的图案、色彩、以及装饰手法照应了鞋子的设计形式，鞋与袜互相成为对方延伸设计的一部分

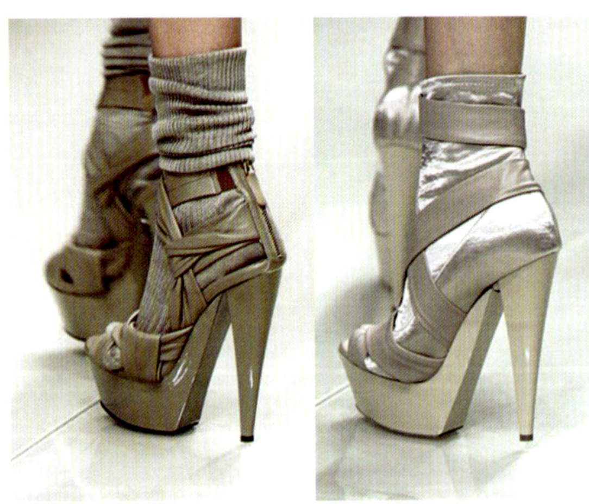

图 6–55 巴宝丽（Burberry）鞋袜组合（选择是凉鞋加同色系短袜，比例上等同短靴，但质感更轻盈活泼，浅米灰色与皮肤没有太大的反差，清晰地分出层次和比例，无形中加强了双腿的修长感）

第七章　其他服饰品设计

学习目标：

通过本章内容的学习，掌握围巾、领带与领结、腰带与腰饰的设计与搭配艺术，了解眼镜、手表、花饰品和雨伞等其他服饰品的相关知识。

学习重点：

围巾、领带与领结、腰带与腰饰等其他服饰品的设计。

学习难点：

围巾、领带与领结、腰带与腰饰等其他服饰品的设计。

除了前面几章介绍的各种服饰品以外，与服装相配的服饰品还有很多，例如围巾、领带与领结、腰带、眼镜、手套、花饰品、雨伞、扇子等。不同类别的服饰品在着装中都发挥重要的作用，也日益受到人们的重视。随着社会经济的发展，服饰品的门类和形式会更加丰富。

图 7-1 休闲迷你三角形围巾

图 7-2 长围巾是最传统的款型，可以采用最简单的围绕方式

第一节　围巾

披肩、围巾是披在肩上或围在颈部的物品，有着装饰性与实用性并存的特点。由于围巾系戴部位靠近脸，是最能引人注目强调形象特征的地带，作为一种很实用且很易搭配的单品，围巾成为男女老少服饰中不可缺少的饰物之一。围巾也是一种非常富有表现力和变换力的服饰品，其丰富的色彩图案以及变换的系扎方式常常给服装带来新的风格变化。

一、围巾的设计

1. 造形

围巾的造型通常有长方形、正方形、三角形、圆形等几种形式，有些围巾虽然形状相同但大小比例各不相同，也有着各自不同的用途。例如大正方形的围巾可以做披肩，小正方形的围巾则可以做领巾、头巾。此外，不同形状的围巾还可以系扎成丰富多变的造型和样式。（图7-1、图7-2）

图 7-3 爱马仕（Hermes）围巾有着精致的色彩与图案设计，马、马车、马鞍等是常见的内容和主题

2. 色彩与图案

围巾的造型样式设计虽然有限，但色彩与图案设计与则更丰富和灵活。围巾色彩与图案设计的丰富性一方面是指围巾的色彩与图案设计有着丰富的题材和内容，如植物花卉图案，动物图案，人物图案，器物图案，抽象几何图案、风景图案等；另一方面是指图案设计有着丰富的构成形式和表现工艺，构成形式有四方连续构成、二方连续构成、适形构成，角隅构成等，表现工艺有钩编、镶拼、刺绣、扎染、蜡染、抽丝、手绘等。因此围巾的色彩与图案设计也是围巾设计的重要内容。（图7-3~图7-5）

图 7-4 经典的格子图案是巴宝丽（burberry）围巾的标志

图 7-5 拼接工艺使得围巾的色彩与图案设计可以获得更丰富新颖的形式

图 7-6 材质的审美不仅要有视觉美感，还有围巾材料设计的触觉舒适感是很重要的

图 7-7 爱马仕（Hermes）丝巾的制作，汇集了无数精美绝伦的工艺，从设计到制作，必须经过严谨的7道工续

3. 材质与肌理

在围巾设计的过程中，材料自身具有艺术表现的特质，构成围巾的面料形式也可作为设计元素，例如材料的色彩、光泽、肌理都是影响人们心理感受和情感态度的要素。其中，肌理是指材料表面所呈现的纹理、质地。不同的材质和织造方法会产生不同的肌理效果。肌理是可以抒发情感的设计语言，不同的肌理能够呈现出材料的不同表情和风格。（图7–6）

4. 装饰工艺

由于构成围巾的材料跟服装面料一样，大都属于纺织材料。因此，用于服装面料的一些装饰手法和工艺也被同样运用到围巾的装饰中来。常用的装饰方法有印染、刺绣、编织、褶皱、镂空、镶嵌等，也有运用砂洗、褪色、退针、做破、做旧、烧花等反传统的设计方法。此外，在具体设计的过程中，为了挖掘面料的艺术美感，常常还运用各种装饰方法对材料进行“二次艺术加工”，使其呈现新的艺术面貌。这种装饰手法也称材料再创造，材料再造的基本思想是将面料的肌理、性能、纹样元素打散、解构重组，形成新的肌理和对比。不同的装饰方法常常给围巾设计带来新的肌理形式和色彩变化。（图7–7~图7–9）

图 7-8 在冬季采用特殊织法的双色针织围巾比较受欢迎，在搭配时能呈现出很好的层次感

5. 系带方式

围巾是一种非常富有表现力和变化性的饰物之一。它有着活泼自由的表现方式。既可以披于头颈之间，绕于胸前，扎在头发上，又可以缠在手腕上，系在腰臀上等等。是一种不分男女老少方便实用的配饰品。美国著名女设计师唐娜·卡伦将丝巾比喻为“万能配饰”。丝巾可以是丝巾，也可以是头巾、领带、腰带、胸衣，还可以做成完整的衣服、长裙、手袋、腰包，挂在墙上便成了一幅独特的装饰画。围巾的变化性还体现在系戴方法的多样性上，主要有披挂、打结、缠绕等形式，也有借助胸针固定。不同的系法会生成许多新鲜感。（图7–10~图7–13）

图 7-9 毛线材质的围巾常常运用不同的编织针法工艺在细节上弥补了颜色的单一感

图 7-11 缠绕法是一种最简单实用的系扎方法

图 7-12 大蝴蝶结系法永不过时，烘托出高贵的淑女气质

图 7-10 围巾是一种非常富有表现力和变化性的服饰品，它可以是头巾、领带、腰带、胸衣，也可以是手袋、腰包等

图 7-13 围巾上的扣襻、别针等具有固定和装饰的双重功能，往往能形成趣味的中心

图 7-14 围巾与服装的搭配主要体现在色彩和季节上，选择同色系的搭配方式是统一而不单调的最好方式

图 7-15 黑白色的搭配造成明度的强对比，果断而有力度

图 7-16 在着装中围巾的搭配可以补充服装领部设计的单调与空白，其多变的色彩和系扎形式是对服装设计灵活的补充和调节

二、围巾的搭配艺术

披肩、围巾与服装的搭配主要体现在色彩和季节上，不同的季节需要佩戴不同款型、质料的围巾，春夏秋冬四季使用的围巾在厚薄上有所区别。围巾可以缓和服装色彩不太协调的矛盾，它能补充、加强色彩面积以突出主色调。选择围巾要考虑质料、色彩以及图案是否与衣服搭配，要能给人统一而不单调、变化而不凌乱的感觉。通常浅色的衣服配深色的围巾，造成明度的对比果断而有力度；无彩色的衣服配彩色的围巾，色相的对比醒目，单色衣服配有图案的围巾，花色衣服配素色围巾，平淡的衣服可以选择有些特点的围巾形成视觉中心。（图7-14~图7-19）

披戴围巾还要考虑着装者的肤色。皮肤白皙的人选择的范围较广，而脸色发黄的人宜戴浅黄、粉红、中灰、浅灰蓝等浅色柔和的围巾，不宜选用深红、深紫、黄色、墨绿等色；肤色较黑的，不宜选用深红、深紫、深灰、黑色等深暗色调的围巾，而以淡灰、湖蓝、玫瑰红等颜色为佳。

图 7-17 色彩丰富的彩色条纹、格子图案围巾搭配外套或者上衣不仅能让气氛活泼起来，还能调节整体的颜色，因此也是很多热爱时尚的年轻人的选择

图 7-18 围巾是具有装饰与实用双重功能的服装配件，围巾富有变化性的系扎特点更是给普通的着装添加了无穷的新意

第二节 领带与领结

领带是从外国传入我国的一种男式服饰配件，系在衬衫领子上并在胸前打结。领带广义上包括领结，如今领带已成为（主要是男士们）日常生活中最基本的服饰品。在正式礼仪和工作场合中都可以使用。领结是系在衬衣领口部外面的一种花结，起着装饰的作用。多用于酒会、音乐会等礼仪场合中与较正式的礼服搭配使用。

领带和领结已基本形成固定的式样，在许多正式场合中成为男装中不可缺少的装饰。正式场合中男士们穿着正规的西装，在白色衬衫之上再系上合适的领带或领结，无形中会增添了一种严肃和庄重的感觉。这种已盛行一个多世纪曾是西方男子服饰中正式着装典范的装饰形式，在今天仍不失为男装服饰

图 7-19 围巾与服装的搭配在松紧度、体量上要平衡。一般说来，体积大的服装比较适合体积同样大的围巾，而层层叠叠的服装则适合量感轻薄的围巾

的上乘选择。如音乐会中男性演奏指挥者的固定服饰是燕尾服与领结或西装与领结，男士们谈判、出席宴会等正式服装是西装与领带已成为人们心目中约定俗成的着装形象。（图7-20、图7-21）

图 7-20 领带常常能传递佩带者的年龄、职业、气质、文化修养和经济能力等，为男士独特而深沉的内心世界作出最好的形象注释

图 7-21 改变领带的系结方式也可以获得新的样式和风格

一、领带的设计元素

领带的形式上变化不大，领带的设计主要在宽窄、长短、方头、尖头上加以变化，在所用面料和加工方法上加以变化。如领带常用真丝织物、棉织物制成，还利用丝麻织物、针织物、闪光织物、皮革制品制成，以素色、印花、压花、绣花等工艺创造新的形式和面貌。还可以不断的改变领带的系结方式以获得新的样式和风格。（图7-22~图7-24）

图 7-22 领带的色彩与图案是领带设计的重要内容，圆点、格纹、条纹、几何形小花等是常见的图案形式

图 7-23 领带的形式较为固定，常常通过领带的材料构成与装饰工艺创造新的形式和面貌

图 7-24 白色的缎带式镶边窄领带时尚又帅气

二、领带的搭配艺术

今天的领带和领结，已是男士服饰中重要的装饰品之一。正规的西装搭配领带和领结塑造了严肃和庄重的形象，而风衣、夹克与领带的搭配则展现了洒脱、自然的风貌。在佩戴领带或领结时，要注意选择与服装搭配得当，可从领带的面料、花纹图案、色彩、造型等方面综合考虑。领带的花纹多是斜条纹、圆点或几何型的小花，富有传统特色的波斯纹样或者对比强烈的大型图案。更多的是各种不同色调的单色领带。领带或领结在服装中主要是起到衬托、点缀和装饰的作用。所以其色彩与服装的色彩应深浅相宜，冷暖适当，面料花型及手感协调。不要过分夸张，喧宾夺主，才能相得益彰。（图7-25~图7-27）

图 7-25 男士西服的款式与色彩变化较小，领带的搭配是点睛之笔，变换不同的领带就能获得焕然一新的造型和面貌

图 7-26 同类色的搭配原则是简单保险的选择

图 7-27 领带不仅可以与衬衫搭配，还可以与背心、西装、大衣等组合出不同的视觉造型

第三节　腰带与腰饰

腰带是腰臀部的配饰品，主要起着固定衣服和装饰美化的双重作用。腰带与服装一样有着古老而又悠久的历史。中国古代的衣服没有扣襻，衣裤的固定是靠各种形式的带子，腰带也因此成为身份和地位的象征。而今天的人们更注重腰带的美观实用性。

腰带的分类方法有许多种，从使用的角度可以将腰带分为实用和装饰两大类。实用性的腰带一般用在裤装上，一些大衣类、风衣类、便装类的服装上也含有实用性的腰带，而装饰性的腰带常与晚装、休闲装搭配；根据制作腰带的材料不同，可以将腰带分为皮革制品的腰带、纺织品腰带、塑胶制品腰带、金属制品腰带、绳线编结腰带等等；根据腰带的不同造型，可以将腰带分为宽腰带、窄腰带、流苏花边腰带、紧身链状腰带等种类；根据制作方法的不同，可将腰带分为切割皮带、模压带、编结带、缝制带、雕花带、拼条带等。

一、腰带的设计

腰带的设计主要是造型、色彩、材质以及装饰手法的设计。尤其是构成腰带的材质更是不可忽视的重要要素。一般把用皮革或纺织面料做的腰带称为“皮带”、“腰带”，把用链条做的或配有各种装饰物的腰带称为“腰链”、“腰饰”。材料的质感、手感、自然纹理、色彩都是腰带设计变化的要素，同一款式的腰带选择不同材料制作会产生完全不同的外观效果。常用于腰带的材料有皮革、塑料、纺织品、金属链、绳等；用来装饰的材料有各种金属扣、金属孔、钮、链、夹、钩、绳结、珠子、羽毛、金属片、首饰、花饰品、悬垂挂件等。而镶嵌、刺绣、印花、编结、花结、流苏等不同的装饰方法形成了腰带丰富的色彩和肌理形式。（图7-28~图7-30）

二、腰带的搭配艺术

腰带虽小也常成为衣着打扮的焦点。在着装中，腰带是连接上下装的纽带，它不仅能更好地突出女性的胸、腰和臀部的曲线，还能有效调节上下身的比例关系。一条有特色的腰带常常能使一条简单平常的裙子充满个性。

腰带的搭配与选择不仅与穿着的服装有着重要的关系。腰带的造型与色彩选择还与着装者的体型有着密切的关系。腰带的宽度直接影响着着装者身高的视觉效果。过宽或色彩对比过强的腰带横向分割与上下对比，容易把身材一分为二，过宽的腰带因为视错容易使人们对原本线的概念转化为横向面的概念，使人看上去有变矮的视觉效果。因此过矮的人不合适选择过宽或色彩对比过强的腰带。此外，装饰腰带还可以相应地改变人的腰部缺陷。如腰节偏低的人可以选用宽腰带，粗腰围的人可以选用细腰带，高个子的人可以选用与服装色彩对比鲜明的腰带，强调上下比例的分割可以获得不那么高的视觉效果等。从色彩感上选择各种低明度的暗色和黑色腰带则更好搭配使用。（图7-31~图7-37）

图 7-28 在宽型的腰带款式设计常常有很大的发展空间，常常运用刺绣、流苏、铆钉，金属扣环等细节的修饰让腰带的整体更加华美

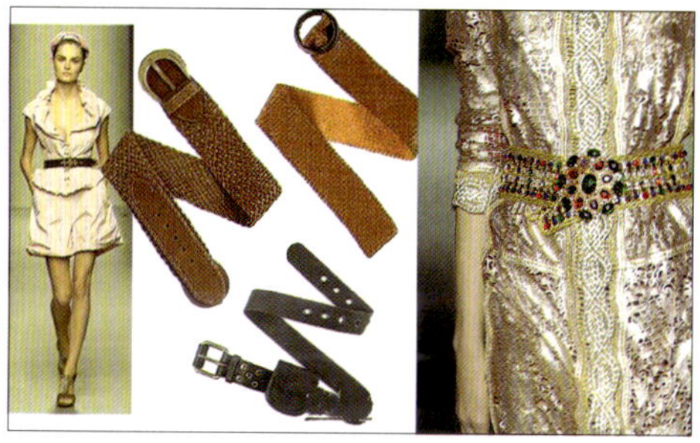

图 7-29 不同的装饰手法使得腰带设计呈现不同的风格特征，用皮革仿藤条的编织腰带柔软、精致、细腻，珠片、各种彩色宝石装饰则更加华美

图 7-30 腰带头部的扣头设计常常是腰带设计变化的重要部位，扣头大都采用金属的材质，有着不同的造型设计和图案花纹

图 7-31 黑色漆皮材质的宽腰带与飘逸清透的纱裙的材质对比，简单而优雅

图 7-32 由不规则的金属方块连缀而成的细巧自然的外形消减了由材质引来的厚重感，腰带闪亮的金属材质和衣料柔软的针织材质形成鲜明的对比

图 7-33 带有浓浓欧洲风情的刺绣腰带搭配荷兰风情的圆点泡袖衬衫和裙子，显得典雅秀丽，散发出清新的民族韵味

图 7-34 色彩鲜艳的腰带强调了服装上下比例的分割（对于高个子的着装可以获得不那么高的视觉效果）

图 7-35 胯带和臀带位于腰线下，多用在上衣或下装外面起装饰的作用（这一位置的腰带在视觉上拉长了上半身比例，使上衣得到充分的展现，给人有一种重心下移的稳固感觉）

图 7-36 白色的帆布和皮料混搭，给整个视觉效果带来了丰富的质感和层次感

图 7-37 在胸线以下束起的阔腰带，有着日式和服缠腰的痕迹（黑色皮质包边勾勒出衣裳与腰带的清晰界线，让身材比例变得更加修长纤细）

第四节 眼镜、手表、手套、花饰品及雨伞

眼镜：眼镜原本是一种实用品，随着时代的变迁，眼镜已由原来单一以视物清晰为目的转化为一种时尚饰品。在现代生活中，眼镜和服装一样，对人的整体形象起着至关重要的作用，这是由于在人体脸部的突出位置决定了眼镜的配饰作用的重要性。因此，在眼镜的设计与应用中，眼镜的功能性与时尚性都是必须顾及的因素。（图7-38）

眼镜一般由镜片、镜架（即边框、脚腿）所组成，其形状及边框、脚腿的变化，随着时代的变迁和新材料、新技艺的发明、发现而改变，眼镜的设计也越来越具有艺术性。（图7-39~图7-44）

手表：手表的功能是以计时为主演变为身份地位的象征的，而现代对于大都数中青年消费对象而言，手表和服装、鞋类一样，都是体现个人风格和品位的装饰品。因此手表的设计除了计时的实用功能外，也是不同季节、不同服装风格、不同佩戴者的重要配饰。在设计中糅合了各类新鲜元素使得原本简单的手表变得更加时尚和有个性。手表的设计的重点常常在表面的造型、色彩、表带的设计装饰上，如表面的造型就有梨形、三角形、圆形、长方形、夸张的卡通造型等，表带有皮带式、链式等。（图7-45~图7-49）

手套：在当今服饰中，手套既是保护手部的防护品，又是装饰品，常常以实用与审美相结合的方式应用于社会。手套的种类和形式都十分丰富，按材料分有棉纱、毛线、尼龙、蕾丝、真丝、皮革手套等；按式样分有长、短、单指、分指手套等，有仅护手背而露十指的，也有全护十指的。有些精致装饰性强的透明薄纱、镂空绣花、蕾丝花边、毛皮饰边的手套主要是用于礼仪和装饰，是晚会、酒会上配合礼服使用的必需品。

图 7-38 不同造型的眼镜可以有效改变人脸部的线条，它对美化人的脸型和整体形象起着至关重要的作用

图 7-39 眼镜的造型大都为方形、圆形，或处于方圆形之间变化的形式（不同形状的眼镜具有不同的效果与特征，如方形的眼镜棱角分明、稳重；圆形的眼镜单纯；椭圆形的眼镜线条流畅、含蓄等）

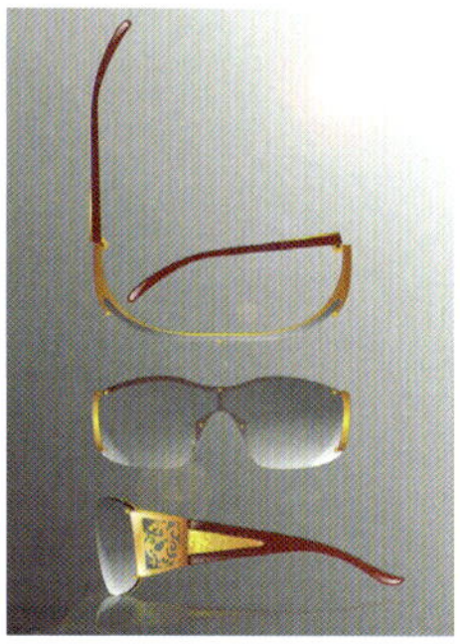

图 7-40 镜架是决定眼镜造型的骨架，金属、塑胶和金属塑胶混合是构成镜架的主要材质

图 7-41 眼镜的边框设计变化丰富，无边框、色彩框、镶钻饰、彩色镜片等等，无不彰显着个性与魅力（左图黑底上白色波尔卡圆点镜框具有浪漫的色彩，渐变棕色系镜片的设计更增添了神秘的迷人气息；右图红色与黑色的经典搭配虽然无奇，镂空部分的心型图型则增添了可爱的趣味）

图 7-42 眼镜设计中包含了许多流行元素的设计（如与珠宝相结合配以精美的水晶、宝石等装饰，不仅增加了质感层次，也更加炫丽、时尚）

图 7-43 迪奥（Dior）眼镜款式的精心设计可以从其细节上的雕琢可以看出，每款眼镜设计都有明显的点缀迪奥的标志，设计师将Dior的logo加在镜臂上，展现了稳重细致的构思

图 7-44 眼镜的搭配与佩戴者的五官、脸型、肤色、服饰、佩戴的环境、场合以及季节有着和谐的关系

图 7-45 伯爵（Piaget，高级珠宝腕表设计。伯爵将璀璨夺目的珠宝的光芒融合于腕表的设计之中，伯爵以其繁复精密的工艺，典雅创新的设计向世人展示了艺术的魅力）

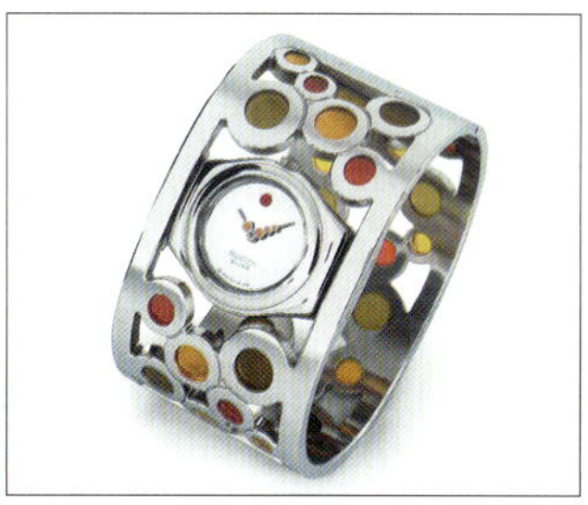

图 7-46 斯沃琪 （Swatch，名字中的“S”不仅代表它的产地瑞士，而且含有“second-watch”之意，表示人们可以像拥有时装一样，同时拥有两块或两块以上的手表；它带给人们一种全新的观念：手表不再只是一种昂贵的奢侈品和单纯的计时工具，而是一种“戴在手腕上的时装”）

图 7-47 手表的设计越来越多元化，表盘创意设计更呈现了浓厚时尚设计概念，隐藏式表盘的设计则透着若隐若现的美感

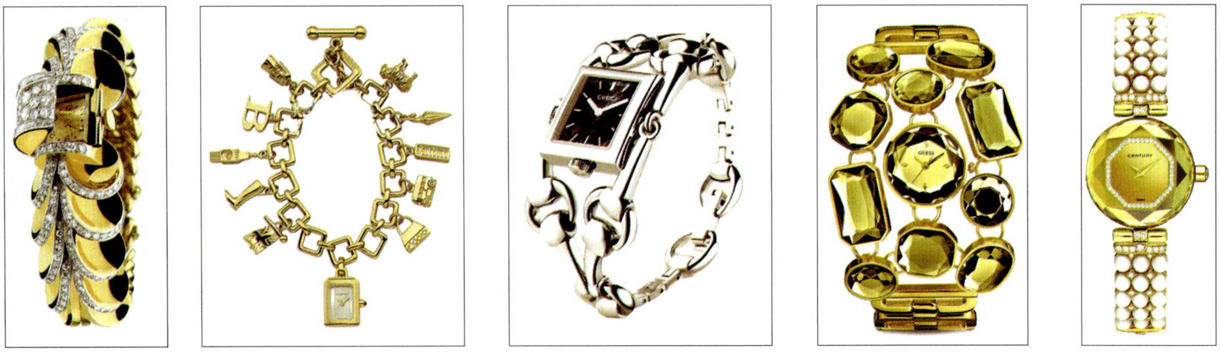

图 7-48 表带富有创意的设计造型、丰富的装饰工艺成就了手表设计新颖的外观形式

图 7-49 色彩是手表设计的重要元素之一（著名的时装表品牌斯沃琪（swatch）以其时髦缤纷的色彩，活泼的设计以及颠覆传统的造型成为世界名表中的青春力量，是青少年喜爱的便宜又时髦的手表，斯沃琪和服装一样每年都会发布一年四季的流行趋势，一年的款式可能有上百甚至数百种）

图 7-50 手套是具有实用与装饰双重功能的服饰品之一

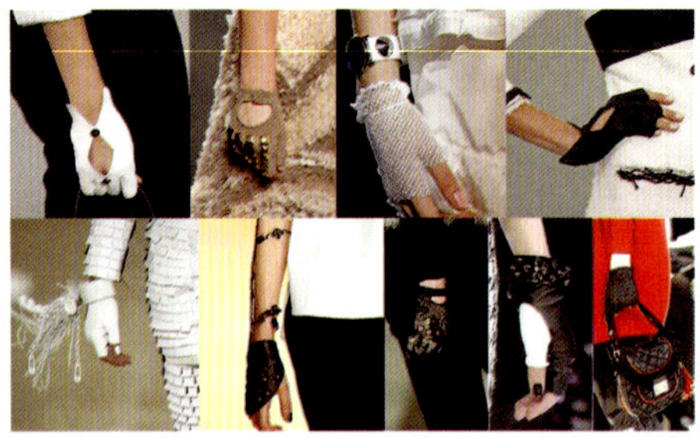

图 7-51 露趾短手套的设计灵感来源于司机手套，配以不同的材质构成和装饰手法，既实用又时尚

图 7-52 长及手臂的皮质黑色手套非常贴合身体，经典黑色设计永远不受任何时间因素的困扰，彰显出优雅与练达

图 7-53 手套作为造型的点睛之笔，无论是长款或者短款都能提生整体的端庄气质

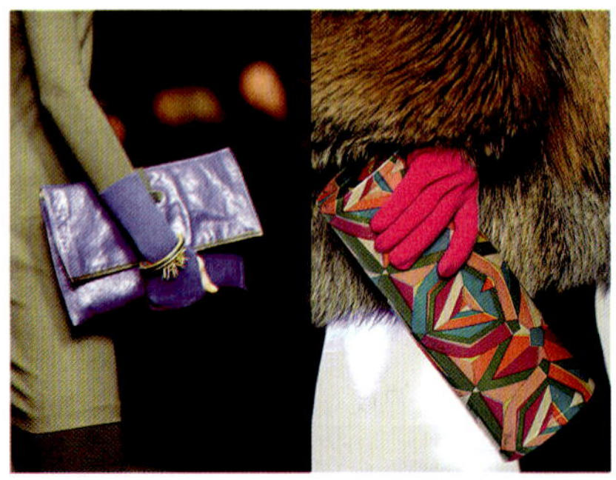

图 7-54 手套、包、腰带等服饰品的统一性增加了服装的整体感

图 7-55 夏奈尔（chanel）对“山茶花”的情有独钟，“山茶花”图案也成为夏奈尔品牌的标志

作为重要的服饰品，手套在构建整体服饰艺术中发挥越来越重要的作用，手套的发展也更加丰富而全面，无论从款式造型、制作材料、裁剪工艺还是色彩装饰，都得到不断的完善。（图7–50~图7–54）

花饰品：花饰品是服饰中应用非常广泛的饰品之一。它的风格独特，艺术性强。在古今中外的服饰史中，花饰品充分展示了艺术、文化、风格和技术的精华与内涵。花饰品是用各类纺织面料、皮革、线绳、羽毛等材料，依照自然花卉形制作的人造立体花。花饰品在女装、女用服饰品中运用广泛，从头饰、帽饰到胸饰、手饰、腰饰、足饰、鞋饰等都可以用其作装饰。尤其是晚礼服、婚纱、高级女装以及帽子、手袋、头饰等很讲究用花饰来点缀，能表现女性优雅、柔美的一面。（图7–55、图7–56）

图 7–56 不同材质构成的花饰品具有不同的肌理和质感

伞：伞在最初发明时的主要目的是用来挡雨、遮阳的实用功能。伞大体是由伞柄、伞骨、伞面三部分构成，其中伞骨是支撑整个伞面的，主要是用木头、竹子、金属等材料组成。伞面是伞中最重要的部分，伞的色彩、图案设计、材质设计都是通过伞面来展现的，因此伞面也是设计的重点部分。伞面制作材料有塑料布、油布、绸布以及经久耐用的尼龙布等。由于伞撑开时造型大都一样，设计的中心往往多体现在伞的边缘的装饰或弧线的细微造型变化上。现代伞具的性别区分设计已很明显化了，男士伞的设计稳重，色彩大都属于冷色调或条格纹的理性图案，伞面大，多是长柄，制作精良，质地考究；女士伞则五彩斑斓，花样繁多。有两折、三折、长柄等多种形式，女士伞装饰手法也非常丰富，主要有蕾丝、绣花、褶皱、流苏等装饰；儿童伞的设计常常采用卡通的造型，色彩艳丽。随着科学技术的发展和人们生活水平的提高，人们对伞的样式、功能的追求也在不断求新。（图7–57~图7–59）

图 7–57 伞面的色彩、图案设计是伞设计的主要部分

图 7–58 由于伞撑开时造型大都一样，设计的中心往往多体现在伞的边缘的装饰或弧线的细微造型变化上

作业:

1. 围巾的设计与装饰方法。
2. 如何利用合适的材料进行腰带的设计与装饰。
3. 完成围巾、领带与领结、腰带与腰饰、眼镜、手表、花饰品和雨伞等其他服饰品市场调研与资料的收集与分类工作。

图 7–59 时尚水壶伞（从携带方便的角度设计，水壶既是装水的容器又是雨伞的包装，因此也成为人们日常旅行、外出的必带物品）

附录：著名服饰配件品牌简介

珠宝类

TIFFANY（蒂梵尼）产品：高级珠宝首饰、腕表、瓷器、水晶和纯银制品
CARTIER（卡地亚）产品：高级珠宝首饰、腕表、香水、饰品
VAN CLEEF&ARPELS（范.克里夫&阿贝尔）产品：珠宝首饰、腕表
BVLGARY（布尔加里）产品：珠宝首饰、腕表、香水
HARRY WINSTON（哈里.温斯顿）产品：珠宝首饰、腕表
MIKIMOTO（御木本）产品：珍珠首饰、饰品、礼品
BOUCHERON（伯琼）产品：珠宝首饰、香水
FRED JOAILLIER（弗雷德.乔伊利尔）产品：珠宝首饰、腕表
MAUBOUSSIN（梦宝星）产品：珠宝首饰、腕表
H.STERN（史登）产品：珠宝首饰
SWAROVSKI（施华洛世奇）产品：仿水晶、饰品
FRED LEIGHTON（弗雷德.莱顿）产品：珠宝首饰
DAVID YURMAN（大卫.雅曼）产品：珠宝首饰
POMELLATO（波米蕾特）产品：珠宝首饰

手袋类

LOUIS VUITTON（路易.威登）产品：旅行箱包、成衣、饰品
GUCCI（古姿）产品：成衣、皮具、饰品、家居用品、香水
PRADA（普拉达）产品：成衣、皮件、饰品、化妆品
HERMES（爱马仕）产品：皮件饰品、成衣、香水、腕表
FENDI（芬迪）产品：成衣、饰品
CHANEL（夏奈尔）产品：高级女装、成衣、香水、化妆品、饰品
COACH（蔻奇）产品：皮具、家具
LOEWE（罗威）产品：成衣、皮具、饰品
BOTTEGA VENETA（伯特佳.维尼塔）产品：成衣、饰品
CELINE（塞琳）产品：成衣、皮件、饰品
AIGNER（爱格纳）产品：皮件、饰品
JUDITH LEIBER（朱迪斯.雷伯）产品：手袋
ALVIREO MARTINI（马提尼）产品：手袋、饰品
MCM产品：皮件、饰品
LESPORTSAC（莱斯巴茨克）产品：包袋

鞋类

FERRAGAMO（菲拉格慕）产品：鞋、成衣、饰品
BALLY（百丽）产品：鞋、成衣、饰品
A.TESTONI（铁狮东尼）产品：皮鞋、皮件、饰品、男装
CHARLES JOURDAN（卓丹）产品：鞋、饰品
TOD’S产品：鞋、手袋、饰品
CLARKS（克拉克）产品：鞋、成衣
Dr.MARTENS（马汀大夫）产品：鞋
GRENSON（格伦森）产品：男鞋
TANINO CRISCI（克里斯奇）产品：鞋、手袋、饰品

MORESCHI（摩里斯奇）产品：鞋、手袋、饰品
TIMBERLAND（泰伯兰德）产品：户外用品
BASE LONDON（贝斯）产品：男鞋、休闲男装
VAGABOND（范格邦德）产品：鞋
NIKE（耐克）产品：体育用品
ADIDAS（阿迪达斯）产品：体育用品
REEBOK（锐步）产品：运动鞋、运动服装

腕表类

ROLEX（劳力士）产品：高级腕表
CHOPARD（肖邦）产品：腕表、珠宝首饰
PIAGET（伯爵）产品：腕表、珠宝首饰
BREGUET（宝玑）产品：腕表
TAG HEUER（泰格.豪雅）产品：腕表
BAUME&MERCIER（名仕）产品：腕表
PATEK PHILIPPE（百达翡丽）产品：腕表、珠宝首饰
MOVADO（摩凡陀）产品：腕表、珠宝首饰
EBEL（玉宝）产品：腕表
GIRARD–PERREGAUX（芝柏）产品：腕表
RADO（雷达）产品：腕表
OMEGA（欧米茄）产品：腕表
FRANCK MULLER（穆勒）产品：腕表、珠宝首饰
BEDAT&C（比达特）产品：腕表
BULOVA（宝路华）产品：腕表、时钟
SWATCH（斯沃琪）产品：腕表

其他饰品

MONTBLANC（万宝龙）产品：高级书写工具、产品：腕表、皮具、珠宝首饰、饰品
PARKER（派克）产品：书写工具
A.T.CROSS（高仕）产品：书写工具、箱包
WATERMAN（威迪文）产品：书写工具
VISCONTI（维斯康提）产品：高级书写工具
ST–DUPONT（都彭）产品：烟具、书写工具、皮具、香水、成衣、饰品
ZIPPO（艺宝）产品：打火机
VICTORINOX（维氏）和WENGER（威戈）产品：瑞士军刀、腕表
TRUSSADI（都萨蒂）产品：皮件、成衣、书写工具、烟具、器皿
PHILIP TREACY（菲利普.崔西）产品：帽饰、手袋、高级女装
STEPHEN JONES（斯蒂芬.琼斯）产品：帽饰
RAY–BAN（雷朋）产品：太阳眼镜
VOGUE（时尚）产品：太阳眼镜

参考文献

[1] 许星．服饰配件艺术[M]．北京：中国纺织出版社，2005

[2] 吴静芳．服装配饰学[M]．上海：东华大学出版社，2004

[3] 邵献伟．服饰配件设计与应用[M]．北京：中国纺织出版社2008年7月

[4] 苏洁．服饰品设计[M]．北京：中国纺织出版社2009年12

[5] 伊丽莎・白奥尔弗．首饰设计[M]．刘超，甘治欣 译北京：中国纺织出版社2004

[6] 任绘．首饰设计[M]．重庆：西南师范大学出版社，2004

[7] 马蓉．服饰品设计[M]．北京：中国轻工业出版社，2001

[8] 王受之．世界时装史[M]．北京：中国青年出版社，2002

[9] 诸葛铠等．文明的轮回[M]．北京：中国纺织出版社，2007

[10] 张乃仁　杨蔼琪．外国服装艺术史[M]．北京：人民美术出版社，1993

[11] 袁金龙等．服装设计[M]．合肥：合肥工业大学出版社，2009